Wolf-Henning Petershagen

Kleine Geschichte der

Ulmer Schachteln

klemm + oelschläger

Das Titelbild zeigt einen Ausschnitt
vom Bild 26, Seite 25.

Inhalt

01 **Auch Künstler werden von der Ulmer Schachtel inspiriert, zum Beispiel der Süßener Aquarellist Dietmar Gürtler, auf dessen Bildern und Postkarten sie in stets neuen Varianten erscheint.**

Vorwort

Von den Ulmer Schachteln, einem lokalen Identitätssymbol und Sympathieträger, haben wir eine klare Vorstellung. Doch die wirbelt uns Henning Petershagen kräftig durcheinander: Die Bauweise dieser Schiffe hat sich über die Jahrhunderte stark verändert, und den schachtelartigen Aufbau hat gar erst ein Berliner Wirtschaftsgeograph zu Beginn des 20. Jahrhunderts erfunden! Heute weisen sie nicht einmal mehr die „Schopperfuge" auf, die traditionell eine Schachtel erst zur Schachtel machte, und neuerdings werden sie noch nicht einmal mehr aus Holz hergestellt! Ulmer Schachteln findet man inzwischen überall, in Biberach und sogar in Hessen. Selbst die charakteristischen schwarz-weißen Streifen auf dem Schiffsrumpf entpuppen sich bei näherem Hinsehen nicht als ulmisch. Was also verbindet die „Ulmer Schachteln" genannten Donauzillen mit Ulm und den Ulmern? Henning Petershagen erklärt diese und andere Fragen auf leichte, aber dennoch fundierte Weise anhand zahlreicher Bilder, von denen manche hier erstmals veröffentlicht sind.

Die langgestreckte Form der Ulmer Donauschiffe brachte es mit sich, dass die „Kleine Reihe" des Stadtarchivs Ulm um ein weiteres Format bereichert wurde, die „Beihefte zur Kleinen Reihe". Ihr äußeres Merkmal ist das Querformat, das sich besonders für Veröffentlichungen eignet, bei denen das querformatige Bild eine tragende Rolle spielt. Zugleich sollen die Beihefte kompakter und handlicher sein und ein breites Publikum ansprechen.

Der Dank des Herausgebers gilt vor allem dem Autor Dr. Wolf-Henning Petershagen, nicht zuletzt auch für die zeitnahe Realisierung, sowie dem Verleger Prof. Dr. Uli Klemm, Verlag Klemm & Oelschläger, der die Initiative zu diesem Buch ergriffen und erneut das geschäftliche Risiko für ein Ulmer Liebhaberthema übernommen hat. Ohne das hohe Engagement von Autor und Verleger hätte dieses Werk nicht realisiert werden können. Gedankt sei der Grafikerin, Frau Sabine Lutz, für die attraktive und professionelle Gestaltung des Bandes, Frau Dr. Gudrun Litz, die mich bei der redaktionellen Betreuung unterstützt hat, sowie Frau Nadja Wollinsky und ihren Mitarbeiterinnen, Frau Silke Schwarz und Frau Saskia Pulgarin, die Bildvorlagen in vorbildlicher Qualität erstellt haben. Für die zur Verfügung gestellten Bilder danke ich Herrn Wolfgang Adler, Herrn Ulrich Burst, Frau Lore Dürr, der Gesellschaft der Donaufreunde, Herrn Dietmar Gürtler, Herrn Peter Haug, Frau Astrid Kneuer, Stadt Vellmar, Frau Dr. Eva Leistenschneider vom Ulmer Museum, Herrn Dr. Fritz Ludwig, Herrn Wilhelm Ludwig, Dr. Dieter Meyer-Keller, Herrn Frieder Mutschler, Frau Luise Rau, Herrn Martin Rill, Frau Hildegard Sander, dem Leiter des Stadtarchivs Passau Herrn Richard Schaffner, Herrn Rolf Schmid, Herrn Gerhard Walter sowie dem Bildarchiv der Südwest Presse. Dankenswerterweise hat die Familie Rump dem Stadtarchiv Ulm den Nachlass von Emil Friedrich Herbst übergeben, aus dem ebenfalls Abbildungen in diesem Buch stammen. Herr Peter Langer vom donau.büro.ulm hat unser Vorhaben nicht nur begeistert aufgenommen, sondern auch in vielfältiger Weise unterstützt. Ihnen allen möchte ich herzlich danken.

Prof. Dr. Michael Wettengel
Haus der Stadtgeschichte – Stadtarchiv Ulm
Ulm, im Mai 2009

Eine Ulmer Schachtel ist ein kielloses Flussschiff, dessen Bordwände mit schrägen, schwarz-weißen Streifen bemalt sind. Es gibt davon nur wenige Exemplare, und die sind nur einmal im Jahr gemeinsam in Aktion zu erleben: am Schwörmontag. Das ist der Ulmer Nationalfeiertag am vorletzten Montag im Juli. Beim nachmittäglichen „Nabaden“ ist halb Ulm im Wasser, und die andere Hälfte schaut zu. Der karnevalsähnliche Wasserfestzug wird angeführt von den drei großen Ulmer Schachteln, von denen aus die Prominenz den Massen am Ufer zuwinkt (02). Die vier kleinen Ulmer Schachteln, auch „Schächtele“ genannt, mischen sich unter die Motivfähren und die zahllosen Nabader.

Symbol Ulmer Schachtel

Am Samstag vor dem Schwörmontag bieten die Ulmer Schachteln den Ulmern stets einen besonderen Augenschmaus. Nach Einbruch der Dunkelheit werden von den Schiffen aus Tausende bunter Windlichter auf die Donau gesetzt, die dann als „Lichterserenade“ den Fluss hinabtreiben.

Aber nicht nur am Schwörmontag ist die Ulmer Schachtel präsent. Wohin man in Ulm auch kommt: Die Stadt ist voll von Ulmer Schachteln. Als Modelle in allen Größen hängen sie von der Decke, bevölkern Kommoden und Regale. Als Bilder prangen sie auf Tassen, Gläsern und natürlich Bierkrügen, auf Post- und Speisekarten, und sie werden feilgeboten als Bastelbögen und Bausätze. Das größte Schachtelbild ziert den Südgiebel des Ulmer Rathauses (03). Kurzum: die Ulmer Schachtel ist ein spezifisch Ulmer Sympathieträger und ein lokales Symbol ersten Ranges.

Wenn Ulmer irgendwohin fahren, führen sie als Mitbringsel gerne eine Ulmer Schachtel im Gepäck mit sich. Das gilt natürlich erst recht für die Schachtelfahrer, die jeden Sommer auf ihren Schiffen donauabwärts fahren, um die jahrhundertealten Kontakte zu pflegen. Was könnten sie ihren Gästen Sinnvolleres überreichen als das Modell einer Ulmer Schachtel? (06) Oder zumindest einen Bierkrug oder eine Krawatte mit dem Schachtel-Motiv? Kommen Gäste nach Ulm, dürfen sie damit rechnen, beim Austausch der Gastgeschenke in den Besitz einer Ulmer Schachtel zu gelangen. Auf diese Art und Weise ist dieses Flachboot – zumindest als Modell – mittlerweile in aller Welt gelandet.

02 **Die Ulmer Schachteln bilden alljährlich die Spitze des schwörmontäglichen Nabadens.**

03 **Die Ulmer Schachtel, die der Münchner Historienmaler Josef Widmann 1906 für die Südfassade des Ulmer Rathauses entwarf, sollte den Handel symbolisieren.**

04 **Im nordhessischen Vellmar erinnert eine stilisierte Ulmer Schachtel an die Siedler, die im 18. Jahrhundert auf den Ulmer Schiffen ausgewandert sind. Sie ist ein Geschenk der ungarischen Partnergemeinde Szigetszentmárton (St. Martin).**

05 **Auch im ungarischen Högyész steht eine Ulmer Schachtel zum Gedenken an die deutschen Siedler, die einst auf der Donau dorthin kamen.**

Aber nicht nur in Ulm dient die Schachtel als Symbol: Zu den Sehenswürdigkeiten der nordhessischen Kleinstadt Vellmar im Landkreis Kassel zählt die „Ulmer Schachtel“ auf dem St. Martin-Platz, ein Denkmal mit stilisiertem Bugspitz und einem zum Glockenturm verfremdeten Schiffsaufbau (04). Nicht abstrakt, sondern ganz naturgetreu hingegen sieht die Ulmer Schachtel aus, die auf einem Platz im ungarischen Högyész steht (05).

Beide Denkmäler erinnern an die Siedler, die im 18. Jahrhundert mit den Ulmer Schiffen donauabwärts nach Ungarn ausgewandert sind. Die 2003 in Vellmar aufgestellte „Ulmer Schachtel“ ist in der ungarischen Gemeinde Szigetszentmárton (St. Martin) geschaffen worden. Dorther stammte auch die Idee, die zehn Jahre zuvor begonnene Partnerschaft mit Vellmar mit einem solchen Symbol zu feiern.

In diesem Fall also dient die Schachtel als Symbol der Auswanderung, die im 17., 18. und 19. Jahrhundert Tausende aus der Not in ihrem Heimatland in eine ungewisse und meist nicht weniger entbehrungsreiche Existenz donauabwärts führte. Dasselbe gilt für die Gedenktafel mit dem Relief einer Ulmer Schachtel in Regensburg an der Donaulände (07) sowie für die Votivtafel aus dem Jahr 1760 in der Domkirche der rumänischen Stadt Sathmar, die eine Ulmer Schachtel unter dem Schutz der Madonna zeigt (08). Und so erklärt sich auch, warum die Gruppe der Sathmarer Schwaben im Festzug des Biberacher Schützenfestes eine Ulmer Schachtel mit sich führt (09).

Für die Ulmer hat die Schachtel allerdings einen völlig anderen Symbolgehalt. An die Auswanderung der Donauschwaben denken sie dabei als letztes. Ihnen dient die Schachtel als Projektionsfläche eines verklausulierten Selbstbildes: Sie steht für Entgrenzung, für Fernweh, Weltoffenheit – und ganz konkret für den heimlichen Wunsch aller Ulmer, einmal mit einer Schachtel die Donau hinabzufahren.

06 **Der Bürgermeister der bulgarischen Stadt Vidin, Dr. Ivan Cenov, freut sich über das Modell einer Ulmer Schachtel, das ihm die Donaufreunde mitgebracht haben.**

07 **Relief einer Ulmer Schachtel in Regensburg an der Donaulände.**

08 **In der Domkirche der rumänischen Stadt Sathmar erinnert eine Votivtafel daran, dass 1760 schwäbische Siedler auf Ulmer Schachteln dort ankamen. Die Fahne zeigt, wenn auch verkehrt herum, die Ulmer Farben.**

09 **Im Festzug des Biberacher Schützenfestes führt die Gruppe der Sathmarer Schwaben eine Ulmer Schachtel mit sich.**

Als Symbol des Handels wiederum sah sie der Münchner Historienmaler Josef Widmann, als er 1906 der Bauabteilung des Ulmer Gemeinderats seine Vorschläge zur Bemalung der Rathaus-Südfassade vorlegte (03).
Sein Wandgemälde entstand übrigens in der „schachtellosen" Zeit: 1897 hatte die letzte gewerbliche Zille abgelegt (10). Danach fuhr keine Transportzille mehr die Donau hinab. Möglicherweise hat das Bild am Rathaus dazu beigetragen, ihre Tradition ins neue Jahrhundert zu transportieren, in dem sie alsbald auf eine völlig neue Art wiederbelebt wurde: als touristische Schachtelfahrt.

Im Übrigen aber dürfte die Liebe der Ulmer zu ihrer Schachtel zu einem nicht unerheblichen Teil auf einem Missverständnis beruhen: Die Ulmer Überlieferung geht nämlich schon lange davon aus, dass die schwarz-weißen Streifen auf dem Schiffsrumpf die Farben und somit donauweit das Markenzeichen der Stadt Ulm sind. Das ist insoweit korrekturbedürftig, als die Zillen auf der ganzen deutschen und österreichischen Donau schwarz-weiß gestreift waren. Genauer gesagt wurden auf das helle Holz schwarze Streifen gebrannt oder mit Teerfarbe gemalt. Das sollte vermutlich der besseren Sichtbarkeit dienen, also weniger dem Dekor denn der Vorsicht.

10 **Die letzte gewerbliche „Wiener Zille", die am 27. April 1897 ablegte, hatte nur zwei große Ruderstände.**

Dessen ungeachtet ist es mittlerweile dieses Muster, das ein Schiff, ob aus Holz oder Stahl, zur Ulmer Schachtel macht – und nicht nur Schiffe: Kreative Donaufreunde haben während der Schachtelfahrt 2007 zwischen Budapest und Belgrad bewiesen, dass man selbst schwarze Schuhe in Ulmer Schachteln verwandeln kann, wenn man sie hinreichend mit weißen Streifen versieht (11).

11 **Selbst schwarze Schuhe lassen sich in eine Ulmer Schachtel verwandeln, wenn man sie mit weißen Streifen beklebt.**

Vor noch nicht allzu ferner Zeit waren die Angehörigen der Ulmer Schifferzunft beleidigt, wenn man ihre Schiffe „Ulmer Schachteln“ nannte, und das aus gutem Grund. Diese Bezeichnung soll nämlich in den 1840er-Jahren im Stuttgarter Landtag geboren worden sein, wo ein Abgeordneter die Ulmer Donauschiffe als „Schachteln“ verspottete. In Ulm hingegen hatte man sie „Ordenare“ genannt. Das war die ortsspezifische Variante von „Ordinarischiff“, denn seit 1712 fuhren die Zillen von Ulm aus „ordinari“, das bedeutet „fahrplanmäßig“, in Richtung Wien. Eine andere gängige Bezeichnung war „Wiener Zille“, nach ihrem Zielort.

Von der Zille zur Schachtel

An ihrem Ziel wiederum wurden sie nach ihrer Herkunft benannt, wie einer der letzten Ulmer Schiffmeister überlieferte: *Die österreichische Zolltariftabelle, die alle Gattungen Schiffe nach ihrem Ursprung einreiht, nennt die Ulmer Schiffe „Schwabenplätte“ und unter diesem Namen sind die zwar nur aus Tannenholz gebauten und nur zur Thalfahrt benützten Schiffe überall bekannt und behalten ihren Namen im tiefsten Ungarn, auf der Theiß, Marosch und den ungarischen Canälen.*[1]

Zwar verleiht der schachtelförmige Aufbau, der den Fahrgästen bei schlechtem Wetter ein Dach über dem Kopf und bei gutem Wetter eine begehbare Plattform bietet, der Bezeichnung „Ulmer Schachtel“ eine gewisse Berechtigung. Aber der ist, was in Ulm lange vergessen war, die Erfindung eines Berliner Wirtschaftsgeographen namens Eduard Hahn (13), der 1907, ein Jahrzehnt nach dem Ablegen der letzten gewerblichen Wiener Zille, auf die Idee kam, mit einer Ulmer Schachtel nach Wien zu fahren. Er bestellte bei Schiffmeister Georg Käßbohrer eine passende Zille – und einen kistenartigen Aufbau, der es erlaubte, sein Dach als Terrasse zu nutzen. Damit hatte Hahn den bis heute gültigen Typus der Reiseschachtel erfunden (12).

Zuvor hatten die Aufbauten meist aus einer Hütte mit Giebel bestanden (14). Es ging aber auch ohne: Das Foto der letzten gewerblichen „Wiener Zille“, die am 27. April 1897 abgelegt hat, zeigt sie ohne Hütte. Sie hatte nur zwei große Ruderstände, die wie ein Gerüst quer über das Schiff verliefen (10). Der Aufbau war somit kein Wesensmerkmal einer Ulmer Schachtel. Was die von anderen Schiffen unterscheidet, ist das Fehlen eines Kiels. Mit ihrem flachen Boden können sie bis unmittelbar ans Ufer fahren. Typisch für ihre Bauweise war ferner, dass sie „geschoppt“ wurden: Um die Schiffe gegen eindringendes Wasser abzudichten, wurde eine bestimmte langfaserige Moosart mit dem Schopperkeil und dem Schopperschlögel in die Fugen der Außenwand und des Schiffsbodens getrieben und darüber eine Holzleiste festgeklammert (15). Diese „Schopperfuge“ war bis ins 21. Jahrhundert das Charakteristikum der Ulmer Schachtel. Der Tätigkeit des Schoppens verdankten die Zillenbauer ihren Berufsnamen „Schopper“. Und die Schiffbauplätze hießen – auch in Ulm und Neu-Ulm – „Schopperplätze“.

Immer wieder verändert haben sich im Lauf der Jahrhunderte auch Größe und Form. Die älteste Konstruktionszeichnung eines in Ulm gebauten Donauschiffes hat der weltberühmte Architekturtheoretiker Joseph Furttenbach 1632 in seiner „Architectura universalis“ festgehalten. Es war 19 Meter lang, 2,75 Meter breit, 1 Meter hoch und an beiden Enden aufgebogen oder „aufgegraost“ (16).

Es dürfte jenen Schiffen entsprochen haben, die seit 1570 in Ulm nach dem Vorbild nieder bayerischer Plätten gebaut wurden. Sie waren zunächst 14,75 Meter lang und wurden immer länger, bis 1627 das Höchstmaß auf 22 Meter Länge und knapp 3 Meter Breite festgelegt wurde. Die letzte Transportplätte von 1897 war mit ihren 30 Metern anderthalbmal so

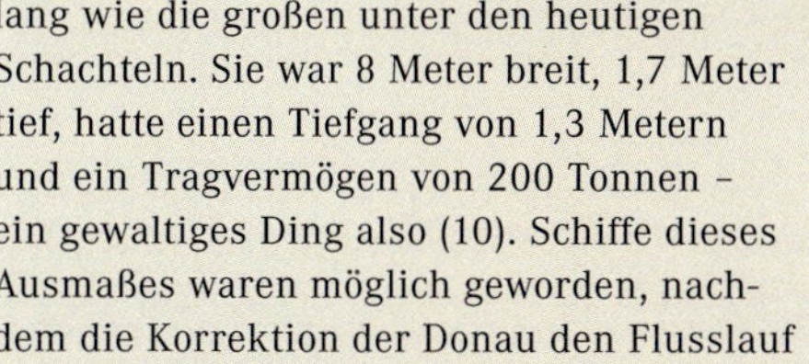

lang wie die großen unter den heutigen Schachteln. Sie war 8 Meter breit, 1,7 Meter tief, hatte einen Tiefgang von 1,3 Metern und ein Tragvermögen von 200 Tonnen – ein gewaltiges Ding also (10). Schiffe dieses Ausmaßes waren möglich geworden, nachdem die Korrektion der Donau den Flusslauf verbessert hatte (18).

12 **Dies war vermutlich die erste „Schachtel von Ulm". Der Berliner Wirtschaftsgeograph Eduard Hahn 1907 begründete damit den neuen Typus der Schachtel mit tragfähigem Flachdach.**

13 **Wie das Motiv auf der Tasse verrät, handelt es sich bei diesem Schachtelfahrer um Eduard Hahn.**

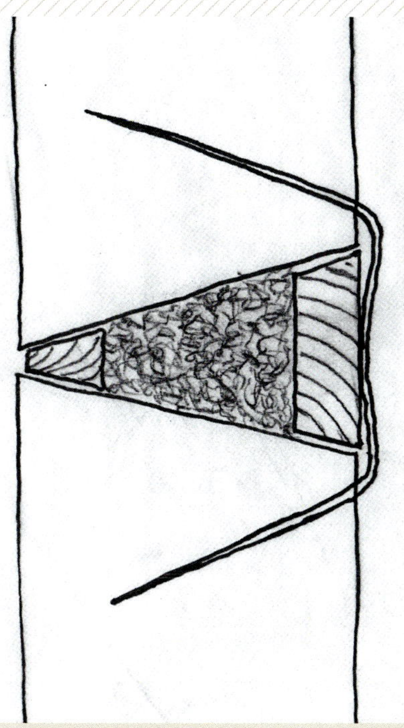

15 So sieht eine „Schopperfuge“ aus: In den keilförmigen Freiraum zwischen den Brettern der Bordwände oder des Schiffbodens wird zuerst eine keilförmige Holzleiste gelegt. Dann wird ein langfaseriges Moos in die Fuge „geschoppt“, das bei Feuchtigkeit aufquillt und kein Wasser mehr durchlässt. Darüber wird mit einer Klammer die Abdeckleiste festgenagelt.

14 Den alten, hüttenartigen Aufbau der Ulmer Schachteln hat Johannes Hans um 1810 auf seinem Bild dokumentiert.

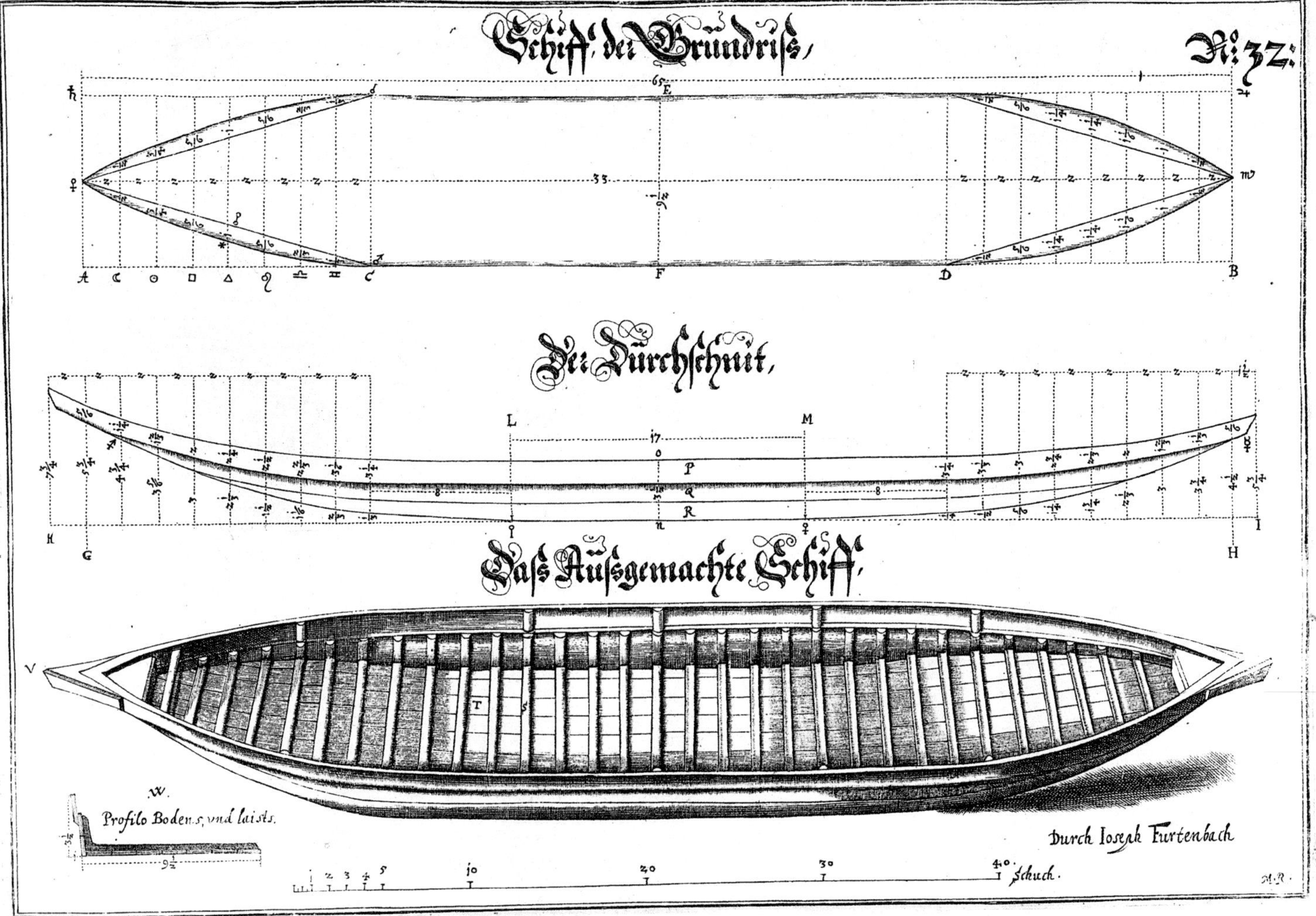
Schiff, der Grundriss,
No. 32.
Der Durchschnit,
Dass Aussgemachte Schiff,
Profilo Bodens, und laists.
Durch Ioseph Furtenbach
Schuch.

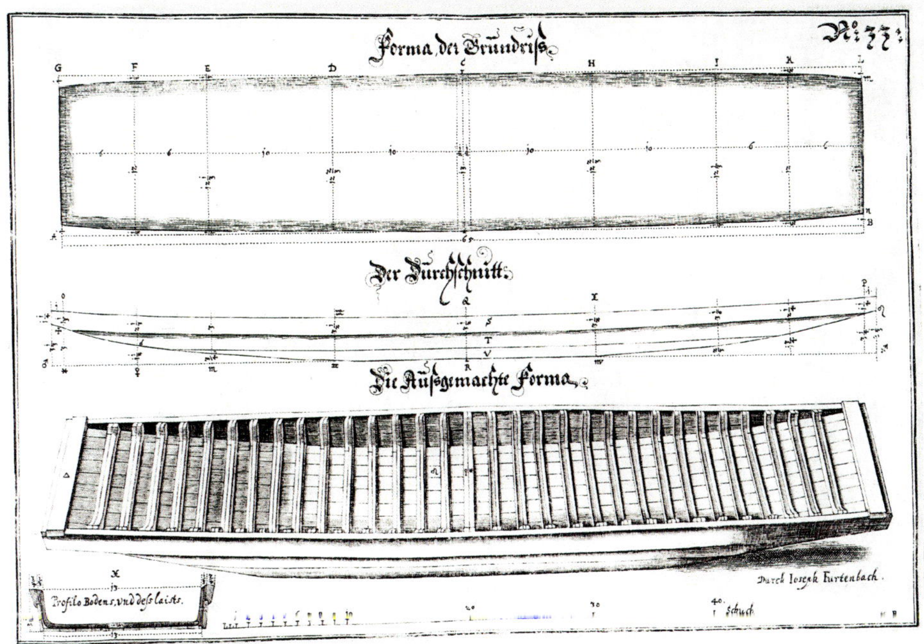

16 **Den ältesten Plan eines Ulmer Donauschiffs hat Joseph Furttenbach 1632 in seiner „Architectura universalis“ verewigt. Die gedruckte Version erschien 1635.**

17 **„Forma“ nannte Furttenbach die von den Schoppern angefertigten Fähren, mit denen man Pferde und Wagen über die Donau setzen konnte.**

Bereits zuvor hatte sich das Aussehen der Ulmer Schachteln sukzessive verändert. Zunächst wurden die Schiffe, die bis dahin vorn und hinten spitz zugelaufen waren (19), zur „Spitzplätte“, indem sie ein breites Heck erhielten, was die Tragfähigkeit erhöhte. Dann entfiel auch die „aufgegraoste“ Bugspitze: Die Seitenwände liefen nun auf einen fast senkrecht stehenden Pfahl zu: Die „Stockzille“ – ganz korrekt: „Stockplätte“ – mit dem für die heutige Ulmer Schachtel typischen Bug war geboren. Die Neukonstruktion sollte vermutlich dazu dienen, die Zillen im Bedarfsfall an ein Dampfschiff anzuhängen.

Auch als zu Beginn des 20. Jahrhunderts die neue, touristische Art der Ulmer Donauschifffahrt einsetzte, blieb es bei den Stockzillen mit dem breiten Heck. Doch nun trat ein Wandel ganz anderer Art ein, der die Konstruktion des Schiffes maßgeblich beeinflusste: der Wandel vom Einmalfahrzeug zum dauerhaften Schiff. Bis dahin nämlich waren die Ulmer Schachteln am Ziel ihrer Fahrt an den „Plättenschinder“ verkauft worden, der sie zu Brennholz verarbeitete. Als aber der Ulmer Fremdenverkehrsverein nach dem Ersten Weltkrieg plante, die touristischen Schachtelfahrten zu einer dauerhaften Einrichtung werden zu lassen, lag der Gedanke an ein mehrfach verwendbares Schiff nahe.

18 **Im 19. Jahrhundert nahmen die Ulmer Donauschiffe mitunter beachtliche Dimensionen an, wie diese Darstellung von Eduard Mauch zeigt.**

So entwarf der Neu-Ulmer Bauinspektor und Flussmeister Wilhelm Speidel eine Schachtel, die in drei Teile zerlegbar und per Bahn zu transportieren war (20, 21). Die heutigen beiden städtischen Schachteln „Stadt Ulm" und „Stadt Linz" sind noch nach diesem Muster gebaut.

Der nächste Schritt war die Beschleunigung der Schachtel. War die seit 1570 ausschließlich von der Strömung der Donau und dem zusätzlichen Einsatz von Rudern angetrieben worden, erhielt sie 1926 zwei Außenbordmotoren, welche die Reise nach Wien in nunmehr sieben Tagen anstatt bisher acht bis zehn erlaubte. Da um diese Zeit auch die ersten Donaukraftwerke entstanden, denen nach dem Zweiten Weltkrieg zahlreiche weitere folgten, wurde die Motorisierung

19 Dem Ulmer Schifferverein gehört dieses Modell einer Spitzplätte mit den württembergischen Farben Schwarz-Rot. Sie hat einen „aufgegraosten" Bug.

20 Die zerlegbare „Ulm 1925" konnte per Bahn transportiert werden. Sie war daher die erste, die mehrfach verwendet wurde.

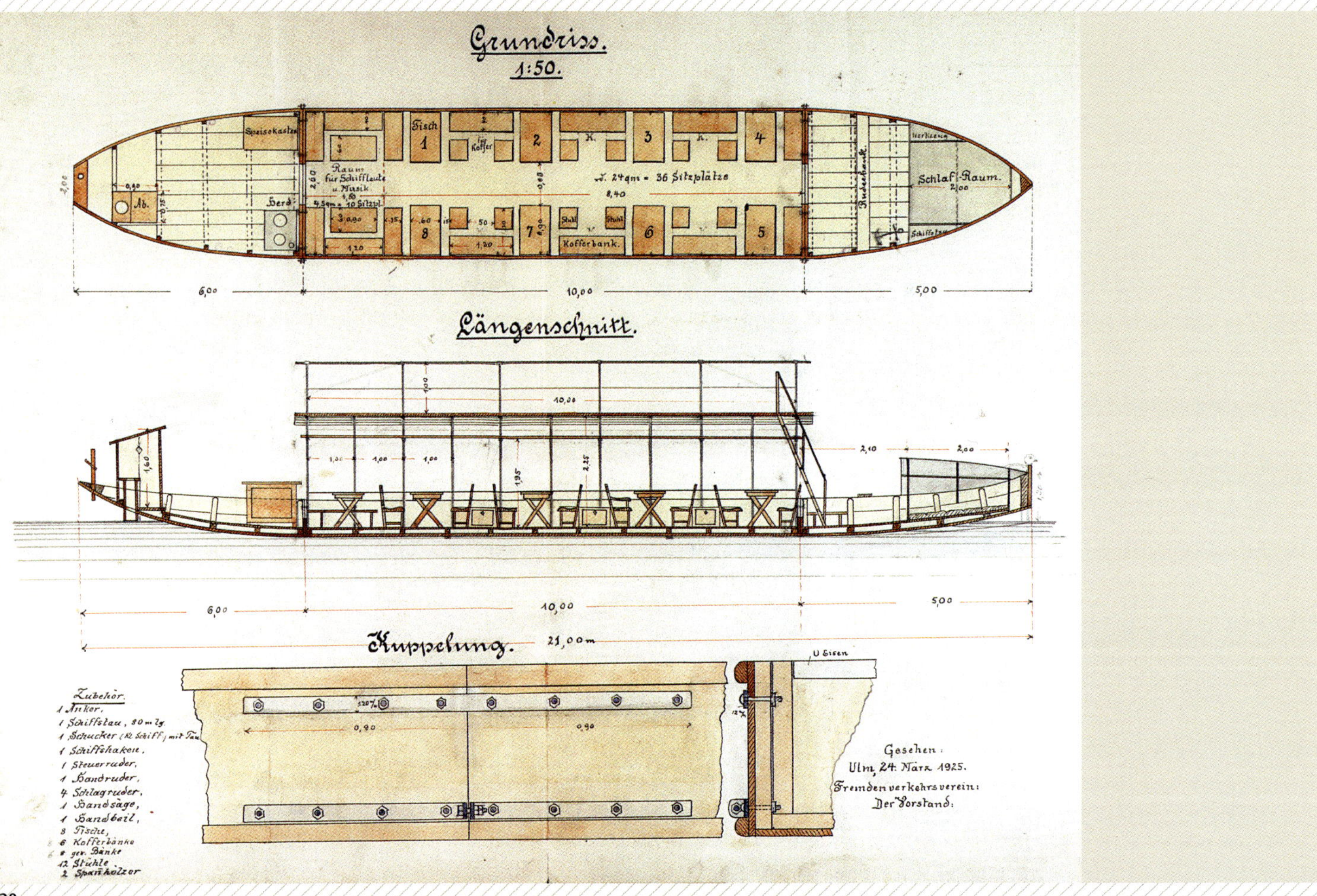
Grundriss.
1:50.
Speisekasten
Tisch
Raum für Schiffleute u. Musik
Herd
Koffer
Kofferbank.
Schlaf-Raum.
Werkzeug
Ruderbank
Längenschnitt.
Kuppelung.
21,00 m
U Eisen
Zubehör.
1 Anker,
1 Schiffstau, 80 m lg.
1 Schiffshaken,
1 Steuerruder,
1 Handruder,
4 Schlagruder,
1 Handsäge,
1 Handbeil,
8 Tische,
6 Kofferbänke
12 Stühle
2 Spanhölzer
Gesehen:
Ulm, 24. März 1925.
Fremdenverkehrsverein:
Der Vorstand:

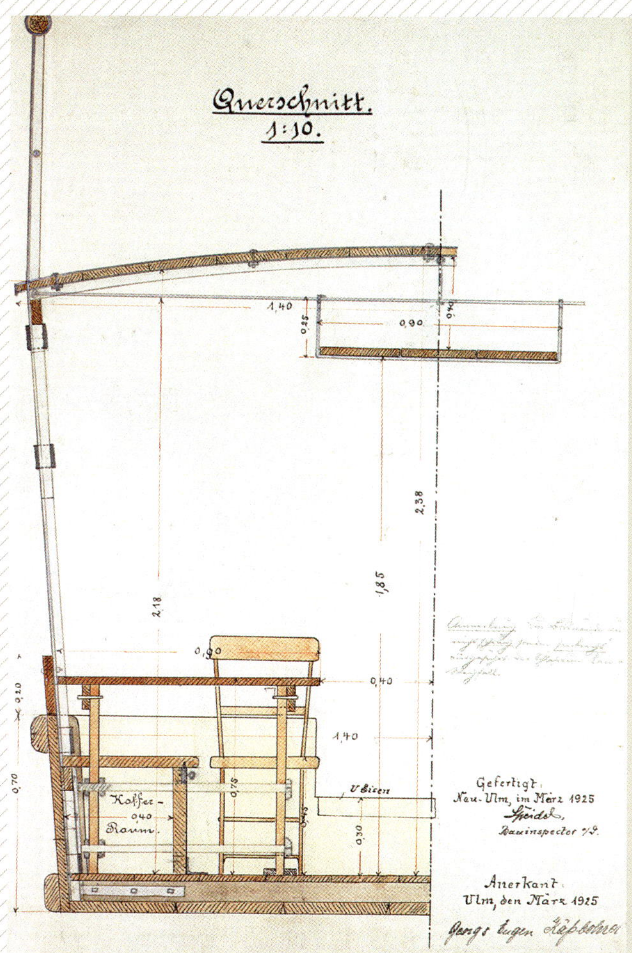

zur grundlegenden Voraussetzung dafür, eine Donaufahrt in einem erträglichen Zeitrahmen zu halten: Die Kraft, die der Mensch dem Fluss und damit der Fließgeschwindigkeit entzog, muss eben seither durch Motoren künstlich ausgeglichen werden. Die wurden im Lauf der Jahrzehnte immer kräftiger, bis hin zu den beiden Sechszylinder-Turbo-Dieseln, die es der Schachtel in kritischen Situationen sogar erlaubt, rückwärts zu fahren.

21 **Vom Neu-Ulmer Bauinspektor und Flussmeister Wilhelm Speidel stammt der Plan der „Ulm 1925", die in drei Teile zerlegt werden konnte.**

Nach dem Zweiten Weltkrieg erfuhr die Schachtel weitere Veränderungen. Die 1982 gebaute „Ulm" der Gesellschaft der Donaufreunde war wieder, wie ursprünglich, aus einem Stück, allerdings mit hochklappbarem Stahl-Heck, so dass sie auf einen entsprechenden Eisenbahnwaggon passte. Der Transport auf der Straße mit Sattelaufliegern machte auch diesen Klappmechanismus entbehrlich (22).

Mittlerweile ist das eigentliche Wesensmerkmal der Ulmer Schachtel verloren gegangen, die Schopperfuge. Die Schiffswände der neuen Ulmer Schachteln „Ulma" und „Schwaben" bestehen aus wasserfest verleimten Holz-Mehrschichtplatten, da die nachhaltiger und weit weniger wartungsbedürftig sind als die bislang verwendeten Fichten- oder Lärchenbretter. Und die Gesellschaft der Donaufreunde hat ihre 2008 getaufte „Ulm" auf der Bodan-Werft aus Stahl bauen lassen, da dieses Material eine erheblich höhere Dauerhaftigkeit verspricht. Das Vorgängerschiff, die noch herkömmlich hergestellte „Ulm", dürfte nach ihren 25 Dienstjahren komplett runderneuert gewesen sein. Der Arbeits- und Kostenaufwand dafür war erheblich, und die Gesellschaft der Donaufreunde kam zum Ergebnis, dass dies künftig nicht mehr zu leisten sein würde (23).

22 **Seit die Ulmer Schachteln auf Tiefladern transportiert werden, brauchen sie nicht mehr zerlegt zu werden.**

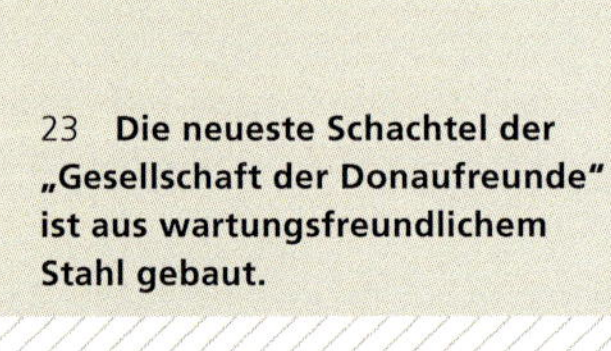

23 **Die neueste Schachtel der „Gesellschaft der Donaufreunde" ist aus wartungsfreundlichem Stahl gebaut.**

Ulm
SWU
Stadt Ulm
Stadt Ulm
Stadt Linz
Stadt Ulm

Wie aus Fischern Schiffer wurden

Die älteste Ulmer Stadtansicht aus dem Jahr 1493 zeigt auf der Donau drei kleine Zillen und zwei Flöße (24). Tatsächlich bauten die Ulmer damals noch keine Schiffe. Und die Ulmer Fernhändler, die schon im 12. Jahrhundert ihre Waren auf der Donau transportierten, verwendeten dazu Flöße. Schiffsverkehr gab es dennoch: In seiner Beschreibung der Stadt Ulm erwähnt der Dominikanerfrater Felix Fabri 1488/89 die Lastschiffe, die von Bayern aus donauaufwärts getreidelt wurden, vor allem Eisen und Salz.

Die Flöße wurden gebaut und gelenkt von der Ulmer Fischerzunft. Über sie berichtet Fabri, dass sie neben ihrem eigentlichen Gewerbe auch Schiffe und Flöße führten. Doch mit den Schiffen dürfte er die Zillen und Weidlinge gemeint haben, die man zum Fischen und zum Wasserbau gebraucht hat.

Einen ersten missglückten Anlauf, von den Flößen auf ressourcensparendere Schiffe umzusteigen, unternahm der Ulmer Rat im Jahr 1542. Die nächste Initiative ergriffen Weinhändler, die der Ulmer Fischerzunft angehörten. Denn der überaus schwunghafte Ulmer Handel mit Wein erfolgte zum großen Teil über die Donau. Der erste, der dafür ein Schiff einsetzen wollte, war Simon Baur. Er und ein Hans Koler erhielten vom Rat im Jahr 1570 die Genehmigung, *zu irer new vorhabenden Schiffart uff der Thonaw* das Holz zweier Flöße kaufen zu dürfen.[2]

24 **Die älteste Ulmer Stadtansicht in der 1493 gedruckten Schedel'schen Weltchronik zeigt keine größeren Donauschiffe. Damals dienten noch Flöße zum Waren- und Personentransport.**

25 **Es gab auch Schiffsverkehr donauaufwärts, an dem die Ulmer allerdings nicht beteiligt waren. Einen solchen Schiffszug malte der Künstler Ferdinand Wagner 1890 in eines der Gewölbe des Passauer Ratskellers.**

26 **Johann Andreas Schneck hielt vom Gasthof zur Krone aus den Blick auf die Schopperplätze fest, wo die Schifferzunft ihre Zillen baute. Der Dicke Turm (links) wurde Ende 1800 abgetragen.**

27 **Eine kleine Auswahl der insgesamt 132 Meister, die auf der Zunfttafel der Ulmer Schiffer verewigt ist, zeigt die typischen Familiennamen der „Räsen“: Molfenter, Scheiffele, Hegele . . .**

28 **Von der Plattform aus, die vom Dicken Turm übrig geblieben ist, blickte Johannes Hans donauaufwärts und auf die Schopperplätze am anderen Ufer.**

Das war der Beginn der ulmischen Donauschifffahrt. Allerdings benötigten die Ulmer dafür fremdes Knowhow. Sie luden daher *drei wohlgeübte Schiffmacher*[3] aus Ingolstadt, Deggendorf und Windorf im Landkreis Passau ein, die ihnen beibrachten, wie man große Transportzillen baute.

Wie groß der Gewinn an Transportkapazität gemessen am Materialaufwand war, lässt sich anhand der Ulmer Ratsprotokolle nachvollziehen. Eines davon genehmigt die Verwendung eines Floßes von zwölf Bäumen zum Bau zweier Schiffe. Das ergäbe schon einmal die Verdoppelung der Wasserfahrzeuge aus derselben Materialmenge. Hinzu kommt die höhere Ladekapazität eines Schiffes gegenüber einem Floß, die ein Ulmer Chronist[4] mit drei zu eins veranschlagt: Auf einem Schiff von drei Bäumen sei mehr als auf drei Flößen fortzubringen.

Auch wenn beide Quellen unterschiedliche Mengen von Bäumen für den Bau eines Schiffes angeben, wird deutlich, dass der Einspareffekt ein ganz erheblicher war – so erheblich, dass die Ulmer Schiffleute es sich leisten konnten, das Holz ihrer 300 Gulden teuren Schiffe bei den Wiener „Plättenschindern" um den Schleuderpreis von 60 Gulden zu verkaufen.

Den Männern, welche auf den Schopperplätzen (26, 28) am heutigen Neu-Ulmer Donauufer die Ulmer Schachteln gebaut und mit ihnen Handel getrieben haben, ist im Ulmer Museum mit der Zunfttafel der Ulmer Schiffleute ein Denkmal gesetzt (27). Sie enthält 132 kleine Porträts der Ulmer Schiffmeister von 1686 bis 1896 – aus einem Zeitraum von 230 Jahren also. Es sind immer wieder dieselben Namen, die auf dieser Tafel stehen. Es finden sich dort, nach Häufigkeit geordnet, 24 Scheiffele(n) – mal mit „ei", mal mit „eu" –, 19 Molfenter, 15 Hegele oder Hägele, 11 Käßbohrer, 11 Schwarzmann, je 9 Held und Glaser, 8 Rueß und 6 Heilbronner – mal mit „ei", mal mit „ai".

Einige dieser Familien haben schon im 15. Jahrhundert zur „Fischerzunft" gehört. Die nannte sich später infolge der Verlagerung ihrer Haupttätigkeit „Schifferzunft". Ihre Angehörigen, die jahrhundertelang im Fischerviertel angesiedelt waren, heißt man in Ulm „die Räsen". „Räs" bedeutet „herb" und, auf Menschen übertragen, „grob", in diesem Falle sogar „saugrob".

Der Fischfang, ursprünglich Haupttätigkeit der Fischerzünftler, stand Ende des 18. Jahrhunderts an letzter Stelle ihrer Aktivitäten. Johann Herkules Haid schrieb 1786 über die Schiffleute, von denen es damals 65 – darunter 48 Meister – gab: *Dieses Schiffahren ist aber nicht das einzige Geschäfte der Zunftgenossen, sondern ein Theil derselben bauen ihre Schiffe, von welchen es die andern kaufen; ein anderer Theil hat den Bretterhandel, und die dritte Art sind zugleich Fischer, welche nicht nur in eigenen oder gemietheten Wassern Fische fangen, oder von auswärts holen, und sie zu verkaufen das ausschließende Recht haben.*[5]

Haid lobt die Schiffleute für die Fürsorge, die sie den Witwen ihrer Zunft angedeihen ließen, *dass nemlich von jedem Schiffe, welches nach Wien fährt, eine Dukate bezahlt wird, welche unter die Wittfrauen vertheilt werden.*[6]

Die Schifferfrauen wiederum taten das Ihre, um möglichst nicht so schnell zu verwitwen: Nachdem sie den abfahrenden Schiffen vom Schwal aus zugewunken hatten, gingen sie ins Waisenhaus, um mit den Waisenkindern für eine glückliche Fahrt zu beten und diese dafür zu beschenken (29).

Diese Übung hat der Berliner Aufklärer Friedrich Nicolai, der auf seiner Reise durch Deutschland 1781 auch Ulm besuchte, mit Hohn und Spott übergossen: *Da stellt sich dann der Waisenvater in einem schwarzen Rock und Predigerkragen hin und sagt, so gut es ihm einfallen will, ein Gebet her, und die Kinder plärren es gedankenlos aus vollem Halse nach. Das erhaltene Geld wird unter alle Kinder verteilt, wird ihnen aber nicht gegeben, sondern für jedes in einer Sparbüchse gesammelt, bis sie einmal das Waisenhaus verlassen.*[7]

Der Zunft der Fischer und Schiffleute erging es im 19. Jahrhundert wie den anderen Zünften: Mit der württembergischen Allgemeinen Gewerbeordnung von 1828 wurde sie aufgehoben. An ihre Stelle trat als Interessenvereinigung der Ulmer Schifferverein. Denn noch immer prosperierte das Transportgeschäft donauabwärts. Doch die Fortentwicklung der Eisenbahn läutete das Ende der Donauschifffahrt ein, und mit ihrem Niedergang löste sich 1865 auch der Schifferverein offiziell auf. Im Jahr 1922 organisierten sich die Räsen erneut, diesmal als Familien- und Traditionsverein. Seine Mitglieder stammen von den Schiffleuten ab oder haben in eine der alten Schifferfamilien eingeheiratet.

29 Im Stiftungsbuch des Ulmer Funden- und Waisenhauses findet sich der Eintrag der ehrbaren Gesellschaft der Schiffleute. Deren Frauen haben im November 1662, als ihre Männer mit sieben großen Schiffen nach Wien unterwegs waren, einen Goldkreuzer und zwei Wecken an jedes Waisenkind verteilen lassen und für die Zukunft weitere Spenden versprochen. Unter dem Bild eines Ulmer Donauschiffes stehen die Namen der Zunftmitglieder.

Ein Erbare Gesellschafft der Schiff Leüt

Was die Schachteln geladen hatten

30 **Die Gouache von Johannes Hans lässt erkennen, dass die Landungsstelle am Schwal aus festen Steinen gemauert war und eine Art Bucht für die dort festgemachten Schiffe vorhielt.**

Das Spektrum der Waren, die von den Ulmer Schachteln transportiert wurden, zeigt, wie sich die Hitliste der Exportschlager im Lauf der Jahrhunderte mit den Bedürfnissen und Neuerungen im Warenangebot verändert hat. Aus der Zeit, als in Ulm noch keine Transportzillen gebaut wurden, stammt die älteste Mitteilung über den Ulmer Fernhandel auf der Donau. Sie steht in der Marktordnung von Enns aus dem Jahr 1164, die 1191 erneuert wurde. Die Stadt Enns liegt unterhalb von Linz am Flüsschen Enns, hatte aber einst einen Donauhafen. Dort landeten im 12. Jahrhundert neben Kaufleuten aus Regensburg, Köln und Aachen auch Ulmer Händler.

Womit sie gehandelt haben, ist in den Marktordnungen nicht überliefert. Wesentlich aufschlussreicher sind die etwa 400 Jahre jüngeren Aufzeichnungen des Donaumautners von Straubing aus dem Jahr 1571, also ein Jahr, nach dem die Ulmer ihre ersten Schiffe gebaut hatten. Er registrierte 22 000 Eimer Wein, die fast ausschließlich aus Ulm kamen (1 Ulmer Eimer = 164,4 l). Daneben stammten aus Ulm und Umgebung unter anderem Lederwaren, Leinwand sowie der besonders geschätzte Ulmer Barchent, ein Mischgewebe aus Leinen und Baumwolle. Auch Bildungsgut exportierten die Ulmer, nämlich Bücher. Der Wein scheint jedoch die wichtigste Ware gewesen zu sein. Dies zumindest kann man neben den Angaben des Straubinger Donaumautners aus der Tatsache schließen, dass nicht nur Simon Baur, der die ersten Ulmer Transportzillen hat bauen lassen, Weinhändler war, sondern auch Lorenz Deibler, einer der nächsten, die es ihm nachtaten.

Alte Bilder, auf denen das Ladegut zu sehen ist, zeigen immer wieder Fässer. Sie prägten auch das Bild der Anlände (30, 31), wie der „Donauhafen“ am Schwal hieß. Sie befand sich an der Südspitze der Insel zwischen Ulm und Neu-Ulm, also unterhalb der Herdbrücke, die deswegen nicht durchfahren zu werden brauchte. Doch nicht alle diese Fässer ent-

31 **Fässer unterschiedlichen Inhalts und große Ballen waren das Frachtgut, das auch Anfang des 18. Jahrhunderts noch am Schwal auf die Schiffe geladen wurden.**

hielten Wein. Andere, von denen im Oktober Mengen bis zu 200 000 Stück nach Wien fuhren, bargen Deckelschnecken, die in den Schneckengärten des Ulmer Territoriums gezüchtet oder auf der Iller aus dem Allgäu angeflößt worden waren. Auch Spielkarten, ein anderes beliebtes Ulmer Exportgut, wurden in Fässern verschickt. Denn ein Fass verhindert nicht nur das Auslaufen, sondern auch das Eindringen von Flüssigkeit.

Das Warensortiment auf den Transportzillen veränderte sich im Lauf der Zeit. Dominierten zunächst Textilerzeugnisse, Birnenschnitze, Hutzeln oder Feldfrüchte wie Rüben, Erbsen und Linsen, so notierte der Chronist Michael Dieterich anno 1825, dass die Ladung der zwei, drei oder vier Schiffe, die damals wöchentlich aufbrachen, *mit französischen Weinen, jungen Bäumen, mit Leder, Käse, Farbestoff, Feuersteinen, Gras- und Kleesamen, hölzernen Uhren und andern Gütern des westlichen Europa's nach Bayern, Österreich, Ungarn, Polen, Rußland und der Türkei befrachtet waren.*[8] Die Nutzlast eines Schiffes bezifferte er auf 400 bis 600 Zentner.

Im Laufe des 19. Jahrhunderts änderte sich mit der Industrialisierung die Warenzusammensetzung gründlich. Ordnet man die in der Oberamtsbeschreibung von 1897 genannten Frachtgüter nach Gewicht, ergibt sich folgende Reihenfolge: Asphalt, Walz- und Lithographiesteine sowie Solnhofer Platten, Teer, Pflugkörper und -teile, Stärke, Eisenwaren, Essig, Harz/Pech, Apothekerwaren, Hanf, Steingut, Wagenschmiere, gesalzene Därme usw. Auch Gummi, Packpapier und Möbelfedern stehen auf der Liste – und sogar Lokomotiven samt Tender.

Der Asphalt, der mit Jahresmengen von 20 000 bis 30 000 Zentnern zum Schluss die Hauptfracht der Ulmer Schachteln bildete, stammte aus der französischen Schweiz und ging nach Wien oder Budapest. *Derselbe durfte der Witterung ausgesetzt sein und benötigte daher keiner Bedachung, konnte also billig befördert werden,* schrieb 1908 ein alter Ulmer Schiffmeister.[9]

Recht unspektakulär war die Ladung der letzten Ulmer Transportzille, die am 27. April 1897 in Ulm ablegte. Wie ein prominenter Fahrgast, Max Eyth, in seinem Tagebuch festhielt (32), nahm sie knappe anderthalb Fahrstunden unterhalb Ulms, in Nersingen, 1600 Faschinen an Bord.[10] Das sind etwa 2,5 Meter lange Reisig- oder Strauchbündel, die der Befestigung von Erdreich, etwa an Flussufern, dienen.

Der Wein war mittlerweile aus dem Sortiment verschwunden. Inzwischen ist er wieder auf den Schachteln vertreten, wenn auch nicht als Handelsgut, sondern zur Stärkung der Passagiere.

32 **Die letzte Ulmer Transportzille hielt am 27. April 1897 um 10.20 Uhr in Nersingen, um Faschinen zu laden. Das hat ihr Passagier Max Eyth in Wort und Bild festgehalten.**

Auch die Personen-Beförderung donauabwärts erfolgte in Ulm zunächst per Floß. So berichtet der Ulmer Schuhmacher, Chronist und Zeitzeuge Sebastian Fischer, dass am 10. September 1552 Mutter und Schwester des Herzogs Moriz nebst anderen Frauenzimmern auf vier Wägen und mit 12 Pferden aus Württemberg eingetroffen seien. Am Montag darauf sei die Herzogin-Mutter morgens um 7 Uhr zum Herdbruckertor hinausgefahren, *saß uff ain Floß, und fur uff dem Wasser hinweg.*[11] Ein Floß war jedoch nicht besonders schnell. Wie Passagiere reisten, die es eilig hatten, verrät die Chronik des Veit Marchthaler. Ihm zufolge wurden bis um das Jahr 1574 *zu Beförderung deren in Eil Raisenden Waidling ausgehauen.*[12] Weidlinge sind Boote, die breiter und größer sind als die Fischerzillen.

Menschen auf der Schachtel

Kaum hatten die Ulmer begonnen, Schiffe zu bauen, wurden damit auch schon Truppen die Donau hinunter transportiert. Verbürgt ist das in einem kuriosen Zusammenhang: Einer der drei ersten Ulmer Schopper war Jakob Aubelen, der es zu hoher Meisterschaft im Schiffbau gebracht hatte. Doch am 14. Februar 1595 verbot ihm der Ulmer Rat, sich zu *überweinen* und mehr als ein Maß Wein täglich (nach heutigem Maßstab etwa fünf Viertele) zu trinken.[13] Denn Ulm brauchte damals dringend Schiffe, um Regimenter die Donau hinabzuführen. Aubelens ganzer Einsatz war also vonnöten, den er aber nicht leisten konnte, wenn er betrunken war.
Die obrigkeitliche Maßgabe galt so lange, bis das Regiment weggeführt war.

In den Türkenkriegen erreichten die Truppentransporte gewaltige Ausmaße. Am 30. August 1683 wurden 4000 Mann Fußtruppen und 1000 Reiter in Ulm gemustert und eingeschifft, um Wien von den türkischen Belagerern befreien zu helfen. Und auf den Tag ein Jahr später wurden erneut zahllose Infanteristen des Schwäbischen Kreises *embarquiert*, wovon eine eindrucksvolle Abbildung erhalten ist (33). 1667 nahmen Ulmer Schiffleute ein schwäbisches Kreiskontingent von 2500 Mann an Bord ihrer Schiffe und Flöße, um sie nach Ungarn zu befördern. Dort wirkten sie bei St. Gotthard an der Raab am Sieg über Großwesir Mohammed Koprülü mit. Bemerkenswert war auch der Truppentransport, den 1758 der Herzog von Württemberg auf den Wasserweg brachte: Er umfasste 6000 Mann, 150 Pferde, 226 Wagen auf 57 Schiffen und 70 Flößen.

Nach dem Sieg über die Türken wurde Ulm zum Sammelpunkt der Emigranten, die in den entvölkerten Gebieten donauabwärts auf eine bessere Existenz hofften. Doch eine erste Welle von Auswanderern hatte bereits 1623, während des Dreißigjährigen Krieges, Ulm erreicht. In den Ulmer Ratsprotokollen werden sie bezeichnet als die *armen oder geringen Leuthe(n), so uß dem Würtemberger Land, Schweitz, Elsaß oder anderer Ortten alher kommen*, um von den Ulmer Schiffleuten nach *Österreich oder anderer Ortten abwertz* gefahren zu werden.[14] Sie sollten dort die Plätze der Protestanten einnehmen, die von den katholischen Habsburgern aus ihren Landen vertrieben worden waren.

Die Auswanderung der später so genannten „Donauschwaben" setzte 1712 ein. Tatsächlich stammten die meisten der damaligen Siedler aus dem katholischen Oberschwaben. Dort hatte damals Graf Alexander Karoly Menschen anwerben lassen. Sie sollten sein Land um Sathmar besiedeln, das die Türkenkriege entvölkert hatten (08). Die Werber stießen auf offene Ohren, denn der Spanische Erbfolgekrieg hatte Hunger und Not auch über Ulm und Oberschwaben gebracht. Dies und die Hoffnung auf eigenen Grund und Boden in Ungarn ließ viele den Schritt in eine ungewisse Zukunft wagen.

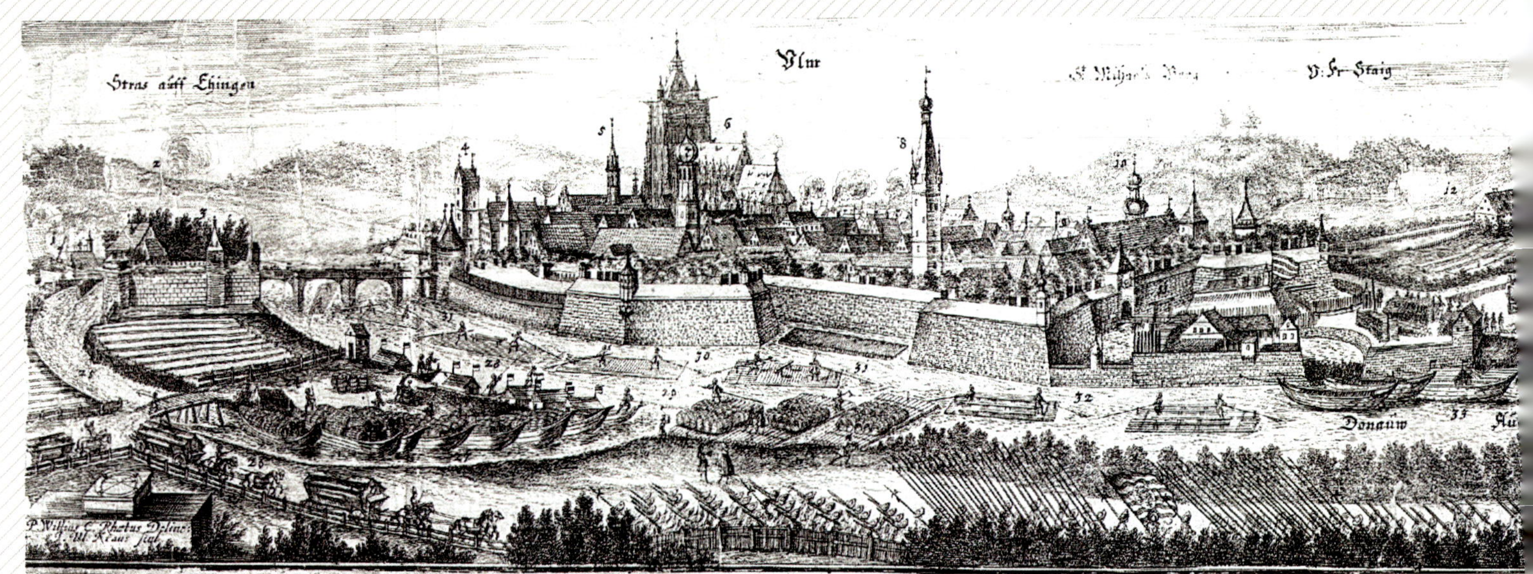

Der Ulmer Rat allerdings beäugte das Treiben der Werber mit höchstem Misstrauen, warnte seine Untertanen vor *der Gefahr barbarischer Sklaverei,* in die sie sich begeben würden und berief sich dabei auf enttäuschte Rückwanderer sowie auf Berichte aus Wien, wonach in Ungarn Auswanderer reihenweise an Bäumen aufgeknüpft worden waren.[15]

Der Ulmer Rat verbot die Anwerbung nach Ungarn unter seinen Untertanen, und er untersagte den Schiffleuten, Ulmer Bürger nach Ungarn zu transportieren, sofern diese keine Ausreiseerlaubnis vorweisen konnten. Eine solche konnte, wer sich nicht abschrecken ließ, gegen eine Ablösesumme und gegebenenfalls den Loskauf von der Leibeigenschaft erwerben.

Dennoch war an der Ulmer Schiffslände auf dem Schwal der Zustrom Auswanderungswilliger von Lindau bis Rottweil, vor allem aus Oberschwaben, gewaltig. Dass die Emigranten überwiegend aus katholischen Gebieten kamen, lag nicht allein an der restriktiven Haltung der protestantischen Reichsstadt Ulm, sondern vor allem auch daran, dass die „kaiserliche Impopulations-

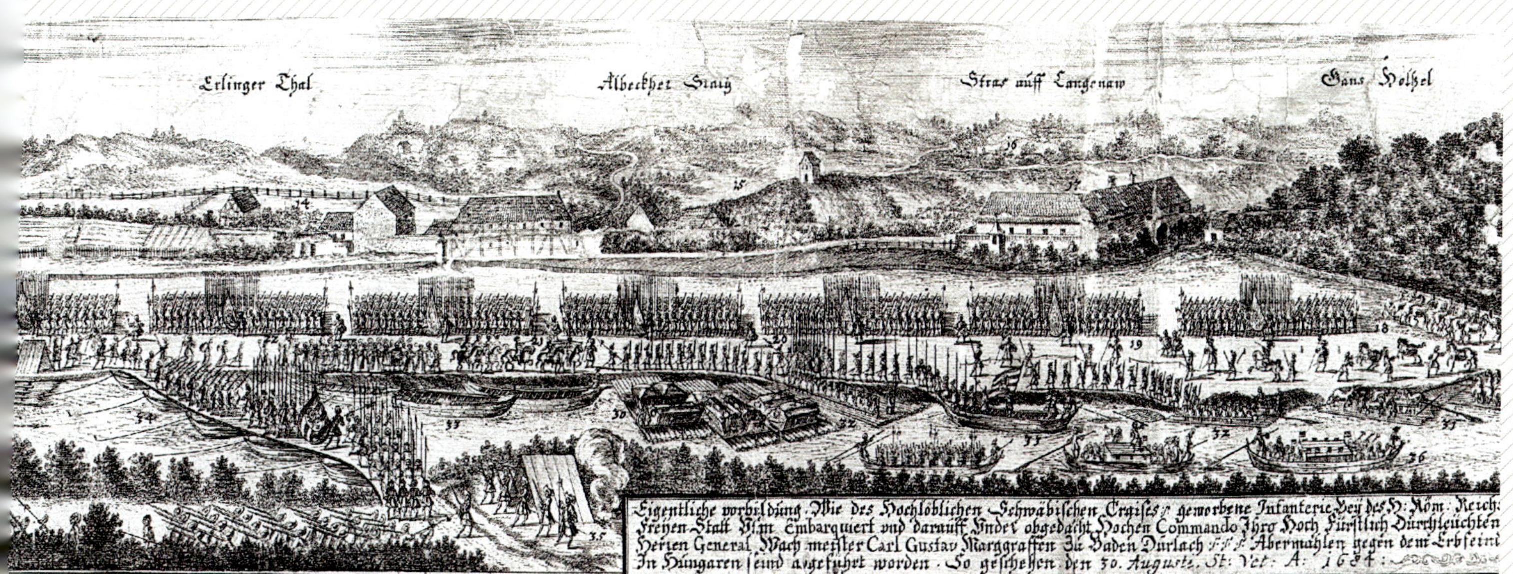

kommission" zur Wiederbesiedlung Ungarns katholische Kolonisten suchte, bis das josefinische Toleranzedikt 1781 die konfessionellen Schranken aufhob.

Für die Ulmer Schiffleute bedeuteten die auswanderungswilligen Fahrgäste ein gutes Geschäft. 1786 wurden in drei Monaten 3000 durchreisende Emigranten gezählt.

Täglich, so berichtet ein Chronist aus dem Jahr 1791, *kommen Haufen von 20 bis 30 und mehr Personen nebst vielem Gepäck hier an. Die Schiffleute bekommen hierdurch einen beträchtlichen Gewerb; denn fast jede Woche gehen 2 und oft 3 Schiffe nach Wien ab. Manchmal nehmen sie auf ein Schiff 200 Personen und darüber, sie erhalten vom Kopf 1 Gulden 30 Kreuzer.*[16]

33 **Am 30. August 1684 haben die Truppen des Schwäbischen Kreises in Ulm die Schiffe bestiegen, um nach Ungarn zu fahren. Dort sollten sie gegen die türkischen Heere kämpfen.**

Mittlerweile war nicht mehr nur Ungarn das Ziel, sondern auch Russland. Zarin Katharina die Große hatte 1763 deutsche Siedler in ihr Reich gerufen. Zu Tausenden kamen Auswanderer bis vom Rhein und der Saar an die Donau, um in Ulm die Schiffe zu besteigen (34).

Auch 1803/04 und in den Hungerjahren 1816/17 reisten Emigranten von Ulm zum Schwarzen Meer – wo sie allerdings kaum mit den Ulmer Schachteln angekommen sein dürften. Denn meist waren sie bereits in Wien auf größere Schiffe umgestiegen.

Waren die Auswanderer-Schiffe mit 100 bis 150 Personen bevölkert, belief sich die Fahrgastzahl normalerweise auf etwa 40 Personen. Die Ordinarischiffe fuhren regelmäßig zu einem bestimmten Wochentag und zu genau definierten Tarifen nach Wien. Die Reise dauerte je nach Wasserstand 8 bis 14 Tage. Das „ordinari Wiener Schiff“ hatte einen guten Ruf, den ein Reisender aus dem Jahr 1769 folgendermaßen begründete: *Denn 1.) ging das Schiff alle Abend an Land, daß ich mithin bey Nacht mit aller Gemahlichkeit schlafen konnte, welches auf dem Postwagen nicht würde geschehen seyn. 2.) die Gefahr war so groß nicht, denn die Ulmer Schiffleute fahren so sicher, daß sie eher, wann sie eine Gefahr voraussehen, an dem nächsten Ufer anländen oder ganze Tage still liegen bleiben, als daß sie sich irgend einem Unglück aussetzen wollten; wie ich dieses mehrmals erfahren habe.* Anders sei dies bei den Regensburgischen oder Österreichischen Schiffleuten: Von denen werde berichtet, dass sie sehr verwegen fahren und daher auch öfter Schiffbruch erlitten.[17]

Die Bauart der Fahrgast-Zillen beschreibt dieser Tourist folgendermaßen: *Mitten auf den Ordinari-Schiffen steht ein kleines Haus, das von Brettern zusammengeschlagen und mit Brettern bedeckt ist. Dieses kleine Haus besteht ordentlicher Weise aus zwey Zimmern.*

34 **„Abfahrt in Ulm“ heißt dieses Wandgemälde von Michael Zeno Diemer (1867–1939), das im Restaurantsaal des Stuttgarter Brauerei Gasthofs Ketterer an die Auswanderer erinnert, die das Banat besiedelten. In Wirklichkeit legten die Schiffe allerdings erst unterhalb der Donaubrücke am Schwal ab.**

35 **Mit Sack und Pack vertrauten sich die Auswanderer den Ulmer Schiffleuten an, die sie sicher durch wildromantische Streckenabschnitte führten wie auf dieser Lithographie des Landschaftsmalers Jakob Alt (1789–1872).**

In das Vordere kommen die Reysenden, so von einiger Distinction sind. Es hat im Winter gemeiniglich einen kleinen Ofen von Erden, der von außen eingeheizt wird. Auf jeglicher Seite des Zimmers ist ein kleines Fenstergen, wodurch man hinaus sehen kann. Zum Sitzen werden allenthalben Bretter umhergelegt. Unter diesen Bänken liegt die Bagage der Persohnen, so darinn sind. Ist noch Platz übrig, so legen die Schiffleute auch andere Päcke hinein, die dem Regen oder Schnee nicht ausgesetzt werden dürfen. Eben diese Bänke dienen dem Schiffmann bey Tag zum Tisch, worauf sie essen, was sie in dem kleinen Ofen gekocht haben, und bey Nacht zum Schlafen. In dem hinteren Zimmer ist das gemeine Volk. Es hat aber weder Ofen noch Fenster, noch viele Bänke; sondern die meisten, so darinnen sind, sitzen oder liegen auf den Kisten und Päcken herum, so die Schiffleute hineinlegen. (35)

Neben den „Ordinari-" gab es die „Extra-Schiffe", das waren entweder reine Fracht-schiffe oder „Herrschafts-Schiffe", die Vermögende mieteten. Das kostete Ende des 18. Jahrhunderts 100 bis 200 Gulden – das Hundertfache des Normal-Tarifs.

Selten jedoch wird eine derart zahlreiche Flotte die Donau hinabgefahren sein wie im Oktober 1745. Sie umfasste 34 Schiffe, welche die Ulmer Schopper in knapp drei Wochen gebaut hatten: Es galt, das Kaiserpaar Franz I. und Maria Theresia, das sich auf der Rückreise von der Krönung in Frankfurt befand, samt Gefolge sicher nach Wien zu bringen, was den 250 Ulmer Schiffleuten, die an diesem Unternehmen beteiligt waren, bravourös gelang. Die beiden Hauptmeister wurden mit je 40 Dukaten, jeder Meister mit 2 Dukaten und die ledigen Burschen mit einem Dukaten belohnt. Für die übrigen Kosten in Höhe von 1400 Gulden kamen die Ulmer Steuerzahler auf.

Eine bleibende Erinnerung an jene Fahrt hängt am Zunftpokal der Ulmer Schiffer, dem „Willkomm" (36). Der Rand dieses schiffsförmigen Gefäßes ist gesäumt mit 30 Anhängern. Der älteste und künstlerisch wertvollste stammt aus dem Jahr 1745 und zeigt das Kaiserpaar „Franciscus" und „M. Theresia" (37). Auf der Rückseite steht *Anno 1745 d. 19. Oct. hat eine Erbare Meisterschafft BEYDE KAYSERL. MAJESTETEN mit 34 Schiff von Ulm abgeführet u. sind d: 27. October erfreulich in Wien angekomen.* (38)

36 **30 Anhänger aus der Zeit von 1745 bis 1922 hängen am „Willkomm", dem Zunftpokal der Ulmer Schiffleute.**

37, 38 **Das Kaiserpaar „Franciskus" und Maria Theresia prangen auf der Vorderseite der Medaille am Willkomm. Die Inschrift auf der Rückseite der Medaille erinnert an die Donaufahrt von Ulm nach Wien.**

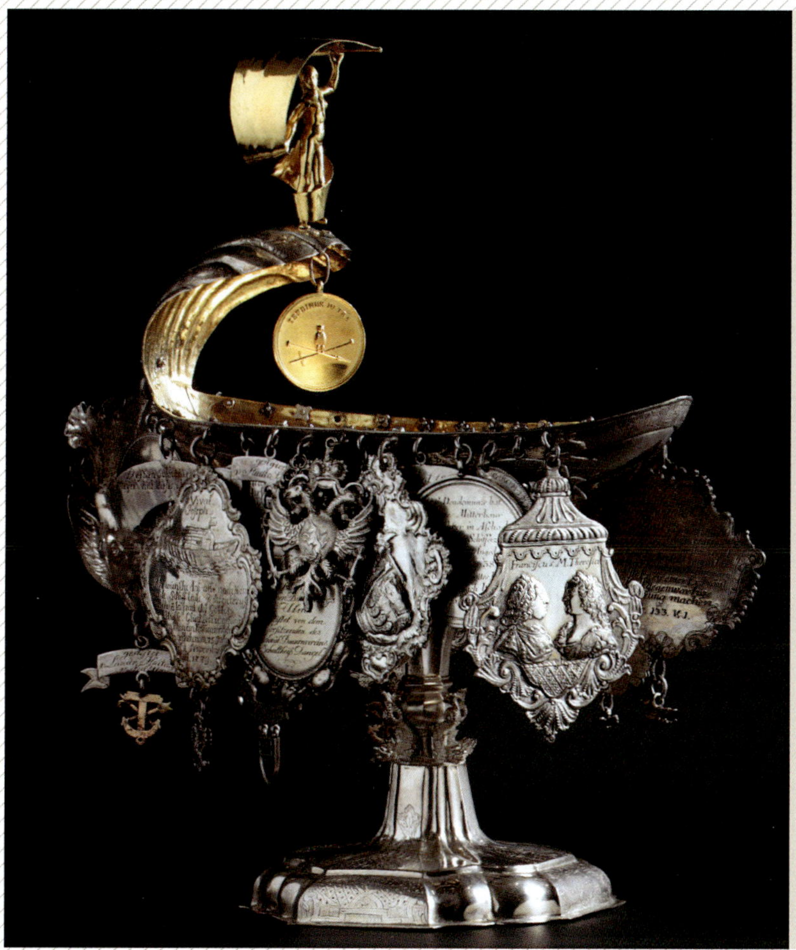

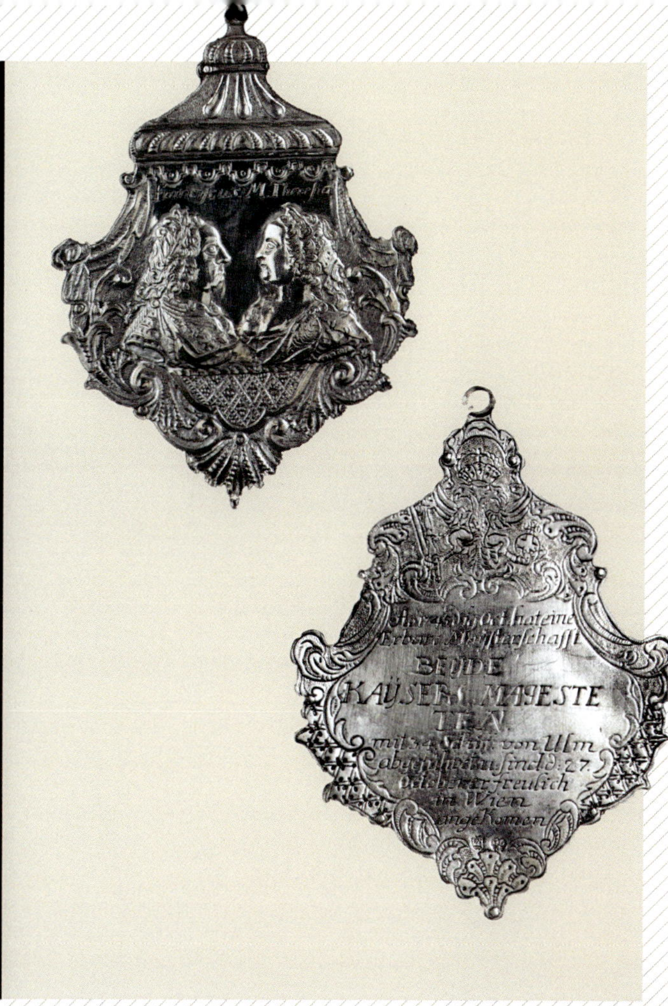
BEYDE
KAYSER MAYESTE
TEN
von Ulm
Wien
angeKomen

Von der Donaufahrt des Kaiserpaares Franz I. und Maria Theresia ist auch ein Bericht erhalten. Darin steht unter dem Datum des 25. Oktober zu lesen: *Abens gegen 3 Uhr* [!] *passirten wir den Strudel und Würbel, waren auch beyde Majestäten bey uns auf dem Dach, wo wir unsere Arbeit mit den Rudern hatten, Anwesende betrachteten alles sehr genau und fragten nach allen Umständen, was es vor eine Beschaffenheit mit diesen beyden Örtern habe, wie wir solches glücklich passirtet, hatten wir die Gnade mit beeden Majestäten vieles zu reden.*[18]

Gefahren auf der Donau

Aus diesem Bericht ist eine gewisse Nervosität herauszulesen, welche die beiden Majestäten befiel, als ihr Schiff den Strudel und den Wirbel von Grein im österreichischen Strudengau passierte. Das war nämlich der gefürchtetste Abschnitt auf der Strecke von Ulm nach Wien. Der „Strudel", das waren durch Felsen verursachte Stromschnellen. Und auf die folgte der berüchtigte Wirbel. Führte die Donau wenig Wasser, war der Strudel besonders tückisch, führte sie viel Wasser, wuchs der Wirbel gefährlich an (39, 40).

Ein Reisender, der 1769 von Ulm nach Wien fuhr, beschrieb, wie sein Schiff beide Gefahrenzonen passiert hat: *Als wir uns dem Strudel näherten, so hießen die Schiffleute jedermann, wer auf dem Schiff wäre, ein jedes nach seiner Religion ein Vater Unser beten. Nach diesem wurden die Ruder eingezogen, und das Schiff, nachdem es die rechte Stellung hatte, ganz dem Strohm überlassen, worauf es wie ein Pfeil über die Felsen hinabschoß. Sobald dies geschehen war, wurden die Ruder wieder abgelassen und bis zum Wirbel hin so stark gerudert, dass das Schiff, als es in den Wirbel kam, von sich selbst durchlief, außer daß die Schiffleute mit beyden Steuerrudern beständig arbeiteten, daß das Schiff nicht gedreht würde. Nachdem alles vorüber war, so sammelte der Camerad, den die Schiffsleute zu Aschach mit sich genommen hatten, ein Trinkgeld.*[19]

Neun Jahre später, 1778, wurden die gefährlichsten Felsen des Strudels auf Befehl der Kaiserin Maria Theresia gesprengt. Das war 33 Jahre nach ihrer Abenteuerfahrt durch diese Strecke, auf der viele Schiffe, Schiffleute und Passagiere geblieben waren.

Doch nicht nur solche natürlichen Hindernisse führten immer wieder zu Unfällen. Häufig waren es auch Brücken, etwa am 22. Juni 1837 bei Donaustauf unterhalb von Regensburg. Dieses Unglück hat ein Regensburger Kupferstecher in Wort und Bild festgehalten und vervielfältigt (41). Ein Ordinarischiff war auf dem Weg nach Wien an eine Holzbrücke gestoßen und hatte sie zum Einsturz gebracht. Einige der 70 Passagiere wurden durch herabfallende Balken erschlagen, andere ertranken in den Fluten. Sieben Menschen sind dabei ums Leben gekommen.

Das Unglücksschiff war keine Ulmer, sondern eine Regensburger Ordinari gewesen, die kurz zuvor gestartet war. Doch waren auch Ulmer Donauschiffe in Unfälle verwickelt, die teilweise noch viel schlimmer verlaufen sind als die Havarie bei Donaustauf. Etwa das Unglück, das sich am 5. März 1623 bei Thalfingen ereignet hat.

Damals haben, wie ein Chronist berichtet, *Sebastian Gräblen und noch zwei Gesellen ein Schiff mit 250 Personen auf der Donau abführen wollen. Er ist aber, weil die Schiffleut truncken gewesen, unterhalb der Bruck bei Thalfingen aufgefahren, so, daß das Schiff ein Loch bekommen und sodann untergegangen, und sind bey 80 Personen ertruncken und um das Leben gekommen; Es waren lauter Leute aus dem Algöw, welche nach Böhmen ziehen wollten.*[20]

Die anschließende Untersuchung hat zwar keine Hinweise auf Trunkenheit, wohl aber auf Unachtsamkeit ergeben, die tatsächlich 40 Personen das Leben gekostet hat. Deswegen wurden die drei Schiffleute bestraft und zwei von ihnen besonders hart wegen unterlassener Hilfeleistung: Einer wurde für ein Jahr der Stadt verwiesen. Der andere entging knapp dem Scharfrichter und wurde lebenslang verbannt.[21]

Glimpflicher ausgegangen ist ein Unfall, der sich nur wenige Tage später ereignet hat: *Am 27. März 1623 kam ein Floß aus dem Allgäu, auf welchem 30 Personen waren, welche nach Böhmen ziehen wollten. Das Floß fuhr an einem Pfeiler der Donaubrücke auf und ging auseinander. Alle fielen ins Wasser, aber nur zwei ertranken. Ein Kind in der Wiege ist bis an die Totenhütte am Gänstor geschwommen und lebend hier aufgefangen worden.*[22] Fast hundert Jahre später, am 13. Juni 1712, zerbrach in Ulm ein Auswandererfloß, das von der Iller gekommen war, an einem Pfahl vor dem Spitalgarten. Mehrere Kinder ertranken. Der Floßknecht, ein Allgäuer, hatte unvorsichtig gesteuert. Der Rat sperrte ihn ein paar Tage ein.

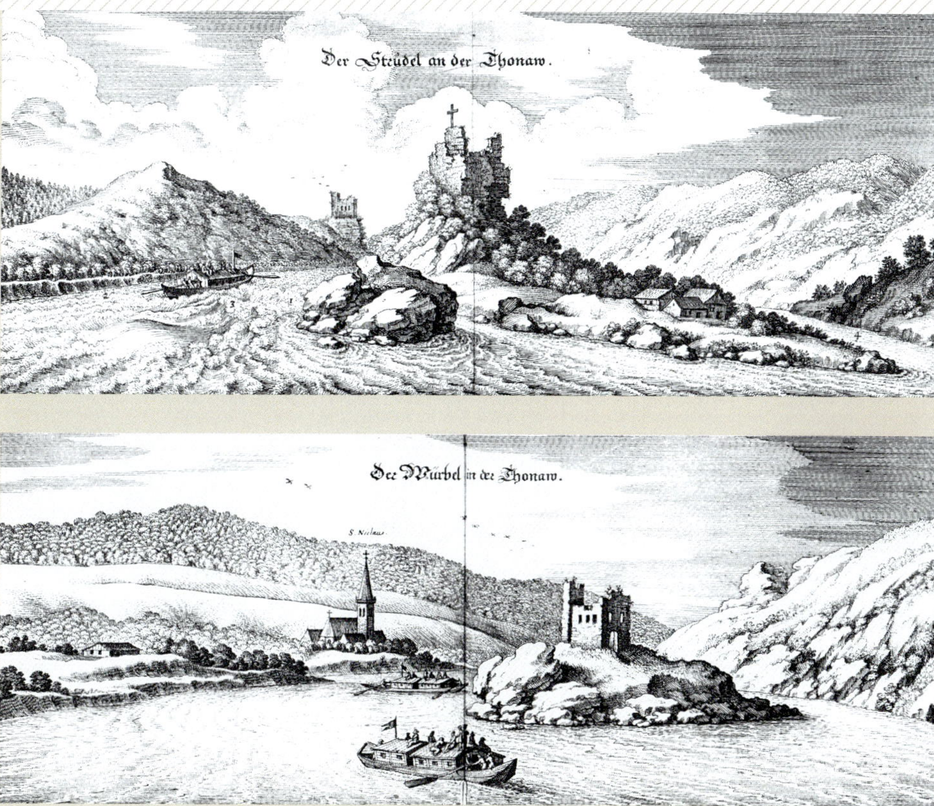

39, 40 **Zwei der riskantesten Gefahrenstellen auf der Donau zwischen Ulm und Wien waren der „Strudel" und der „Wirbel" bei Grein im Strudengau. In seiner „Topographia provinciarum Austriacarum" von 1649 hat Matthäus Merian sie dokumentiert, bevor sie durch Sprengungen entschärft wurden.**

41 **Am 22. Juni 1837 verunglückte bei Donaustauf ein Regensburger Ordinarischiff. Sieben Menschen starben.**

Auch im 20. Jahrhundert kam es noch zu einer spektakulären Havarie, bei der jedoch glücklicherweise niemand zu Schaden kam – außer dem Schiff, der „Stadt Wien“ der Gesellschaft der Donaufreunde. Die legte am 13. Juni 1963 zur ersten Fahrt der Donaufreunde nach Belgrad ab. Die endete allerdings bereits vier Stunden nach ihrem Beginn an der Baustelle der Staustufe Neuoffingen. Die Schachtel wurde am Seil durch eine Wehranlage getreidelt, an deren Ende sie jedoch in Kehrwasser geriet und sich quer stellte. Das Schiff wurde zwischen den Pfeilern des Wehrs eingeklemmt und füllte sich langsam mit Wasser (42).

Die Passagiere waren vor dem Manöver von Bord gegangen. Nach drei bis vier Stunden brach die „Stadt Wien“ auseinander, trieb flussabwärts und blieb an den Stahlpfeilern einer Arbeitsbrücke hängen, wo sie vollends zu Bruch ging (43). Dieses Ereignis ist als „Rache des Danubius“ in die Mythologie der (Männer-)Gesellschaft der Donaufreunde eingegangen: Rache dafür, dass bei dieser Fahrt Frauen an Bord waren.

42 **Am 13. Juni 1963 verkeilte sich die „Stadt Wien" beim Passieren der Staustufe Neuoffingen zwischen zwei Wehrpfeilern.**

43 **An den Stahlpfeilern einer Arbeitsbrücke endete die geplante erste Belgradreise der Donaufreunde endgültig.**

Die traditionsreiche gewerbliche Ulmer Donauschifffahrt endete am 27. April 1897 mit dem Ablegen der letzten großen Wiener Zille (10). Auch wenn die Ulmer Donauschiffe infolge der Flusskorrektion im 19. Jahrhundert größer gebaut werden und Lasten bis weit über 200 Tonnen transportieren konnten, waren sie auf Dauer der Konkurrenz durch die Eisenbahn nicht gewachsen. Und der Versuch, auf Dampfschifffahrt umzusteigen, erwies sich nach den ersten Versuchen als untauglich, da das Bett der oberen Donau dafür nicht tief genug ist.

Die Anfänge der modernen Schachtelfahrt

Der Gedanke der Ulmer Donauschifffahrt war damit jedoch noch lange nicht erledigt. Pläne, in Ulm einen Hafen zu bauen und die Donau durch Kanäle mit dem Bodensee zu verbinden, existierten sogar bis lange nach dem Zweiten Weltkrieg. Selbst eine Kanalverbindung über die Alb zum Neckar war bereits im Detail geplant.

Zu den Leuten, die 1904 eine Sektion Ulm/Neu-Ulm und Umgebung des Vereins für Hebung der Fluss- und Kanalschifffahrt in Bayern gründeten, gehörten der Leiter der Königlichen Straßenbau-Inspektion in Ulm, Baurat August Angele, sowie der Ingenieur und Schriftsteller Max Eyth (44), der auf der letzten Ulmer Transportzille mitgefahren war – und der in seinem 1906 erschienenen Roman „Der Schneider von Ulm" eine dramatische Fahrt auf einer Ulmer Ordinari beschreiben sollte.

44 **Vermutlich hat der Ingenieur und Schriftsteller Max Eyth (1836–1906) den Berliner Wirtschaftsgeographen Hahn mit dem Schachtel-Virus infiziert.**

45 **Die erste bislang bekannte Schachtelreise nach dem Ende der gewerblichen Ulmer Donauschifffahrt hat Baurat Angele (ganz rechts) im August 1906 organisiert. Hinter ihm, halb verdeckt, Flussmeister Wilhelm Speidel.**

So kamen mehrere Faktoren zusammen, die das Bedürfnis nach Donaureisen auf Ulmer Zillen weckten: Der romantisch angehauchte Wunsch nach der Wiederbelebung der ulmischen Donauschifffahrt verband sich in der Zeit des erwachenden Tourismus mit dem Gedanken, die Donau schiffbar zu machen. So wurden August Angele wie Max Eyth zu den Protagonisten der touristischen Schachtelfahrten – auch wenn Eyth selbst daran nicht mehr teilnahm. Er starb am 25. August 1906 in Ulm. Drei Tage zuvor, am 22. August, waren August Angele zusammen mit seiner Frau und sechs weiteren Personen auf einer ausgedienten Kieszille der Königlichen Flussbauinspektion nach Wien aufgebrochen (45). Geführt wurde sie vom Schiffmeister Georg Käßbohrer (46), dessen Sohn Georg ebenso mitreiste wie der Redakteur des Ulmer Tagblatts Karl Schwaiger (47). Auch er zählt zu den Vätern der neuen Schachtelfahrten. Im folgenden Jahr 1907 war er es, der eine ähnliche Fahrt mit einer etwas größeren Gruppe organisierte (48).

46 **Schiffmeister Georg Käßbohrer, gezeichnet während einer Schachtelfahrt 1909 vom Münchner Kunstmaler Fonsy Ostermayer.**

47 **Karl Schwaiger, Ulmer Lokalredakteur und Stadthistoriker, gehörte zu den ersten, welche in Ulm die Tradition der Donauschifffahrt wiederbelebten und ihre touristische Variante begründeten.**

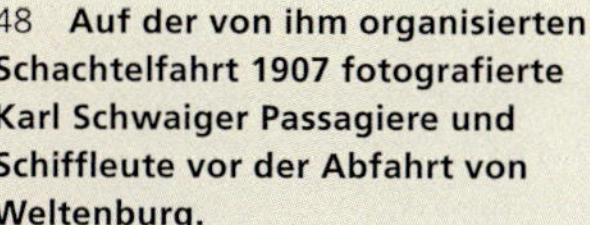

48 **Auf der von ihm organisierten Schachtelfahrt 1907 fotografierte Karl Schwaiger Passagiere und Schiffleute vor der Abfahrt von Weltenburg.**

Während diese Fahrten jedoch auf Zillen stattfanden, deren Wetterschutz aus schlichten Planen bestanden, ließ ebenfalls im Jahr 1907 der bereits erwähnte Berliner Dr. Eduard Hahn sich von Schiffmeister Käßbohrer auf eine 16 Meter lange und 2,5 Meter breite ausgediente Steinzille eine aus Brettern gezimmerte Kabine bauen, *die im Innern zwei behagliche Wohnräume birgt und den Reisenden, deren es außer der zweiköpfigen Bemannung zwei sein werden, zum Aufenthalt bei Tag und Nacht dienen wird,* wie das Ulmer Tagblatt berichtete[23] (12). Es fuhr dann aber auch noch Hahns Schwester Ida, eine Trachtenkundlerin mit, die in ihrem Bericht zu dem neuartigen Schiffsaufbau bemerkte: *Heute haben wir [...] mit der guten alten Tradition gebrochen und das schräge Hausdach in ein flaches verwandelt, damit wir von ihm aus umso besser die Augen in die Runde schweifen lassen können.*[24]

49 **Vornehm gekleidete Damen und Herren aus norddeutschen Großbürger- und Akademikerkreisen befanden sich 1913 an Bord von Dr. Hahns „Schachtel von Ulm V".**

Wie kam ein Berliner Gelehrter, der überdies in Ulm völlig unbekannt war, dazu, dort eine Ulmer Schachtel bauen zu lassen und damit nach Wien zu reisen? Zum einen war es der Forscherdrang, der den Wirtschaftsgeographen und -historiker dazu veranlasst hatte. Zum anderen aber auch der Drang, zur *Neuerweckung des ehemals so reichen Donau-Handelslebens* beizutragen.

Auch wollte er die Schönheiten der Donau bekanntmachen und den Fremdenverkehr ankurbeln. Seine Motive waren also dieselben, die man auch den Ulmer Schachtel-Pionieren unterstellen darf.

50 **Zwei miteinander verbundene Zillen bildeten das „Doppelschiff Schwaben", das am 16. Juli 1914 mit 33 Passagieren nach Wien ablegte. Diese Fahrt des Vereins für den Fremdenverkehr begründete die Tradition der Kontaktpflege entlang der Donau, die später von den Donaufreunden weitergeführt wurde.**

Das Donaufahrer-Virus aber war ihm mit an Sicherheit grenzender Wahrscheinlichkeit von Max Eyth eingeimpft worden, zu dem es in Berlin zahlreiche Berührungspunkte gab. Auf Eyths geistige Vaterschaft deuten einige Fahrtberichte von den weiteren Reisen hin, die Hahn von Ulm aus in den folgenden Jahren bis 1913 unternommen hat. Seine Schiffe hat er durchnummeriert von der ersten „Schachtel von Ulm" des Jahres 1907 bis zur „Schachtel von Ulm V" 1913 (49). Im Jahr 1910 hatte keine Fahrt stattgefunden, wohl infolge Hochwassers.

Mittlerweile war Hahn zu einer bekannten Figur geworden. 1913 fuhren auch Ulmer mit. Inzwischen war das Schiff 22,5 Meter lang, 3,25 Meter breit, und die Hütte darauf zog sich über 14 Meter hin. Möglicherweise wäre Hahn auch im folgenden Jahr wieder gefahren, aber er startete meistens im August oder September. Und da befanden sich Deutschland und Österreich bereits in den Auseinandersetzungen des Ersten Weltkriegs.

Gerade noch rechtzeitig war hingegen der Verein für den Fremdenverkehr Ulm – Neu-Ulm zu seiner ersten Schachtelreise nach Wien aufgebrochen. Die darf als die erste moderne Ulmer-Schachtel-Fahrt gelten, denn sie setzte die heute noch gültigen Maßstäbe. Auch dem Verkehrsverein ging es um die Belebung der Donau, aber auch um *Propaganda für Ulm.* Und es war schon vor der ersten Fahrt geplant, dieses Ziel in den folgenden Jahren durch weitere Reisen zu verfolgen.

Das Schiff mit dem Namen „Schwaben“ bestand aus zwei zusammengefügten Zillen von je 22 Metern Länge, deren Aufbau nach dem Vorbild der Hahn’schen Schachteln 10 Meter lang und 4 Meter breit war. Die 34 Passagiere, ausschließlich Herren, von denen 23 Ulmer waren, gehörten dem Bürgertum an (50, 54). Wie der Initiator der Fahrt, der Textilfabrikant Emil Herbst (51), waren auch die anderen Fahrgäste vorwiegend Unternehmer und Selbständige. Auch Karl Schwaiger war an Bord und hat die Fahrt wie schon früher mit seiner Kamera dokumentiert. Geführt wurde das Schiff wieder von jenen, zu deren Handwerk dies jahrhundertelang gehört hatte, von den Ulmer Schiffleuten (52).

Am 25. Juli 1914 legte die „Schwaben“ in Wien an, am Tag also, als Österreich-Ungarn die Teilmobilmachung anordnete, die den Ersten Weltkrieg einleitete. Damit wurde die soeben erst begonnene Tradition der Schachtelfahrten des Verkehrsvereins für ein Jahrzehnt unterbrochen.

51 **Auch Emil Herbst gehört zu den Protagonisten der modernen Schachtelfahrten. Die Karikatur stammt von dem Ulmer Künstler Ludwig Moos.**

52 **Das Führen der Ulmer Schachteln wurde weiterhin dem Sachverstand der Ulmer Schiffleute anvertraut: Am Ruder der „Schwaben“ stand Schiffmeister Georg Käßbohrer jr.**

Erst 1924 unternahm der Verein die nächste Fahrt in ein stark verkleinertes Österreich. Diesmal hieß das Schiff „Deutschland“ (55), und dementsprechend war die Fahrt begleitet von starken politischen Implikationen: Bei der Taufe hatte der Initiator der Fahrt, Emil Herbst, unterstrichen, *dass es auch diesmal gelte, den deutschen Brüdern in Österreich den deutschen Gruß aus Ulm zu bringen. Sie sollen wissen, dass heroben an der Donau Leute gleichen Stammes wohnen, die sie lieben, achten und ehren. Ihnen dies zu zeigen, sei der Zweck der Fahrt.*[25] Sie war gekennzeichnet durch eine Fülle von Zusammentreffen, Empfängen und Aktionen in Neuburg, Straubing, Passau, anschließend in Österreich in Engelhartszell, Spitz und Krems, die mitunter fast an Staatsbesuche grenzten (56).

Damit waren die Fahrten der Ulmer Schachtel, speziell die des Fremdenverkehrsvereins, zu einem öffentlichen Ereignis geworden. Sie sollten aber auch zu einer Touristenattraktion werden, zu einer frühen Form des Abenteuerurlaubs, für den der Verein kräftig warb. Er ließ deswegen eine zerlegbare Schachtel bauen, die „Ulm 1925“, welche per Bahn zurücktransportiert werden konnte (20, 21, 53). Und im Jahr 1926 gründete er eine Sonderabteilung, den „Verein der Donaufreunde“. Der fuhr auch in den folgenden Jahren nach Wien, jedoch ohne fremdes Publikum und mit abnehmender Frequenz. Nach der letzten Vorkriegs-Fahrt 1938 wurde die „Ulm 1925“ von Wien nach Regensburg geschleppt, wo sie im Trockendock blieb, bis sie 1945 bei einem Luftangriff zerstört wurde.

53 **Die erste Ulmer Schachtel, die vom Zielort Wien nach Ulm zurückkehrte und mehrere Fahrten unternahm, war die „Ulm 1925“.**

DONAU

54 **Unter dem langen Tisch der „Schwaben" stießen die Bordwände der beiden Zillen des Doppelschiffs zusammen.**

55 **Nach zehnjähriger Pause fuhr erst 1924 wieder eine Ulmer Schachtel nach Wien. Ihr Name „Deutschland" spiegelt die veränderte politische Situation nach dem Ersten Weltkrieg wider.**

56 **In Krems wurde den Ulmern ein jubelnder Empfang bereitet. Vorne links im Zentrum des Geschehens „Schachtel-Admiral" Emil Herbst mit Stehkragen und Fliege.**

Neben den Schachtelfahrten, denen der Gedanke einer Wiederbelebung der Donauschifffahrt, der Förderung des Fremdenverkehrs und schließlich der Freundschaft unter den Donauanrainern zugrunde lag, gab es bald auch reine Vergnügungsfahrten. Schon 1911 fuhr die Männerriege des Turnerbundes Ulm mit seinem „Piratenschiff Ulma“ und im Piraten-Outfit nach Wien (57). Damit war der Turnerbund der erste Verein, der eine solche Fahrt unternahm, welcher 1924 und 1925 weitere folgten.

Eine recht eigenartige Art des Schachtel-Tourismus brachten die Krisenjahre und die anhaltende Arbeitslosigkeit hervor: die Rekord-Fahrten junger Arbeitsloser. So hatten Mitglieder des „Turnvereins“ 1931 eine kleine Schachtel nach dem Vorbild einer historischen Handelszille gebaut, mit der sie im Juli 1932 zu einer *Fahrt durch die deutschen Lande* aufbrachen. Mit ihrem „Ulmer Spatz“ (58) fuhren sie also nicht nach Wien, sondern bogen in Kelheim in den Ludwigs-Kanal, den Vorläufer des Rhein-Main-Donau-Kanals. Über den gelangten sie in den Main, von dort in den Rhein, nach Holland und, die Maas hinauf, nach Belgien und Frankreich. Der „Ulmer Spatz“ war 13 Monate lang unterwegs, bevor er nach einer Reise von 3600 Kilometer wieder in Ulm anlangte.

Bereits im Mai 1932 hatte eine Gruppe von zwölf jungen Arbeitslosen Aufsehen erregt, die sich „12 Wikinger“ nannten (63). Sie beabsichtigten, mit ihrer „Ulmer Schachtel“ zum Schwarzen Meer und von dort nach

Piraten, Arbeitslose und Jugendbewegte

Im übrigen hatte der Gedanke, sich von ausgedienten Kieszillen nach Wien tragen zu lassen, in Ulm mittlerweile gezündet. Selbst während des Ersten Weltkriegs, als die Donaufahrten spätestens an der Grenze zu Österreich enden mussten, haben solche Fahrten stattgefunden, wie diverse Privatfotos zeigen. Die Zeitungen nahmen längst nicht mehr von jeder derartigen Reise Notiz. *Kaum eine Woche vergeht, dass nicht ein Schiff von Ulm abfährt, um in Wien oder Passau die Mitreisenden aus der Spatzenstadt an Land zu setzen,* meldete das Tagblatt im Sommer 1924.[26]

57 **Mit dem „Piraten-Schiff Ulma“ fuhren 14 Mitglieder des Turnerbundes im August 1911 nach Wien.**

58 Mit dem Verkauf solcher Postkarten besserten die arbeitslosen Turner der Mini-Schachtel „Ulmer Spatz" die Finanzen für ihre über einjährige Fahrt auf.

59 Aus der geplanten Kairo-Fahrt der Wikinger wurde nichts, weil 1933 die Grenze nach Österreich dicht war.

Istanbul zu fahren. Ihre Fahrtkosten bestritten sie, wie zuvor schon die Besatzung des „Ulmer Spatz", durch den Verkauf von Postkarten und indem sie ihre Schachtel gegen Eintrittsgeld besichtigen ließen. Immerhin schafften sie in 100 Tagen 2500 Kilometer bis ins bulgarische Russe, das damals „Rustschuk" hieß.

Im Jahr darauf starteten sie ein noch ehrgeizigeres Unternehmen, das sie bis nach Kairo führen sollte und für das sie die Werbetrommel so kräftig rührten, dass noch ein halbes Jahrhundert später sich manche alte Ulmer zu erinnern glaubten, da sei doch mal eine Schachtel nach Kairo gefahren (59). Tatsächlich aber bogen diesmal auch die Wikinger in Kelheim nach links in den Ludwigskanal, da infolge der mittlerweile erfolgten „Machtergreifung" der Nationalsozialisten die Grenze nach Österreich geschlossen worden war. Sie bewegten sich daraufhin ein Jahr lang durchs deutsche Flussnetz, bis sie völlig mittellos wieder in Ulm ankamen.

Selbst aus Göppingen kamen junge Arbeitslose mit einem selbstgebauten Boot nach Ulm, um donauabwärts ihr Glück zu versuchen. Daneben dürfte es zahlreiche ähnliche Unternehmungen gegeben haben, die längst vergessen sind. Darauf deutet ein Warnruf, den ein Leser im Tagblatt veröffentlichte, der sich offenbar bestens entlang der Donau auskannte. Vor den Suppenküchen in den Donaustaaten treffe man auf die Hilflosen und Verzweifelten, die ohne jegliche Ahnung von den Verhältnissen donauabwärts, von der Armut bis zum Visazwang, sich in die Schiffe setzten in der absurden Hoffnung, ausgerechnet dort Arbeit zu finden.

60 **Von der „Wienfahrt des Hans Multscher", an der 1925 Ulmer Künstler teilnahmen, ist eine Mappe von 30 Lithographien erhalten.**

61 **Ludwig Moos, ein begnadeter Karikaturist, verewigte die österreichischen Grenzer von Engelhartszell.**

62 **Schiffmeister Wagner aus Vilshofen wurde von Moos ebenfalls im Bild festgehalten.**

63 **Die „12 Wikinger", die 1932 mit ihrer Ulmer Schachtel der Arbeitslosigkeit entfliehen wollten, finanzierten ihre Fahrt unter anderem mit Werbung für Exportfirmen, wie das „Magirus"-Schild an der Reling zeigt.**

Nachhaltige Ergebnisse hat hingegen eine Schachtelfahrt gezeitigt, auf die sich im August 1925 eine Gruppe der Ulmer Künstlergilde begeben hat. Deren Gründungsmitglieder Ludwig Moos und Karl Schäfer verarbeiteten ihre Eindrücke in 30 Lithographien, die in einer Mappe mit dem Titel *Wienfahrt des „Hans Multscher“* erhalten sind. (60, 61, 62)

Natürlich erreichte die Idee der Donaufahrten auch die Jugendbewegung. 1927 machte sich eine Gruppe auf, die sich „Jungenschaft“ nannte. Sie gelangten auf ihrer Zille bis nach Belgrad. Weitere Fahren sind überliefert vom „Finkensteiner Singkreis“ (64) und von der „Deutschen Freischar“, die allerdings in Donauwörth einen Brückenpfeiler rammte. Nach der „Gleichschaltung“, die nach Machtantritt der Nationalsozialisten zahlreiche Jugendgruppen in der Hitlerjugend aufgehen ließ, fuhren dann deren Mitglieder unter der Hakenkreuzfahne nach Wien, da die Grenze nach dem „Anschluss“ Österreichs 1938 wieder offen war (65).

64 **Zahlreiche Gruppen der Jugendbewegung fuhren auf der Donau in ausrangierten Zillen nach Wien, etwa 1930 der Finkensteiner Singkreis.**

65 **Nach der „Gleichschaltung“ fanden die jugendbewegten Donaufahrten unter der Hakenkreuzfahne statt wie diese HJ-Fahrt – mit Segel – im August 1938.**

Ein mittlerweile so wichtig gewordenes heimatgeschichtliches Symbol wie die Ulmer Schachtel musste zwangsläufig früher oder später auch von den Nationalsozialisten für ihre propagandistischen Zwecke instrumentalisiert werden.

Die Nazis und die Schachtel

Dies geschah auf zweierlei Weise. Zum einen auf die praktische Art, in Form einer Schachtelfahrt. Aber das war nicht einfach eine Vergnügungsreise, sondern eine Propagandatour der Ulmer Nazi-Prominenz nach Wien, die unter der Bezeichnung „Anschlussfahrt" als braunes Kapitel in die Geschichte der Schachtelfahrten eingegangen ist (66). Was sich dahinter verbirgt, verrät der Titel und die Einleitung des aufwendig gedruckten und gestalteten Fahrtberichts, der anschließend als *Privatdruck der Stadt Ulm* herausgegeben wurde: *Die erste Ordinarifahrt der Ulmer im Großdeutschen Reich 1938,* so ist das Buch überschrieben.

Historischer Hintergrund war, dass das NS-Regime im März 1938 Österreich faktisch annektiert und dies als „Anschluss" deklariert hatte. Deutschland und die so genannte „Ostmark" bildeten von da an das „Großdeutsche Reich". Und das nutzte die Ulmer NS-Führung auf ihre Weise, wie Oberbürgermeister Friedrich Foerster im Geleitwort zum Fahrtbericht schrieb: *Kurz nach der Heimkehr der Ostmark ins Reich fassten die Ulmer den Entschluss, ihre Donaufahrten mit ihren „Wiener Zillen" wieder aufzunehmen. Sie ließen in aller Eile von den Schiffsbaumeistern Wilhelm und Eugen Hailbronner auf der Schiffswerft am Schopperplatz eine neue „Ulmer Schachtel" erbauen. Am 3. Juni 1938 tauften sie das Schiff mit Iller-, Blau- und Donauwasser auf den Namen „Stadt Ulm" und traten die Reise donauabwärts an.* Die Bedeutung dieser Fahrt hatte beim Taufakt der Ortsgruppenleiter Max Berger formuliert: Sie sei *dazu bestimmt, die jahrhundertealte Freundschaft und Verbundenheit der Städte Ulm und Wien in nationalsozialistischem Geiste zu erneuern.*[27]

Die Kosten für das Schiff und die *Werbefahrt* wurden aus der Stadtkasse bestritten. Immerhin kam die Stadt Ulm auf diese Weise in den Besitz einer Ulmer Schachtel, die auch nach dem Krieg noch gute Dienste ohne ideologische Einfärbung leistete.

Weit über Ulm hinaus wirkte die Ulmer Schachtel als Symbol für die aggressive und expansionistische „Volk-ohne-Raum"-Propaganda. *Ostland ruft* steht unter einer

66 **Auch die Ulmer Schachtel diente den Nazis als willkommenes Vehikel für ihre Propaganda.**

farbenprächtigen Darstellung im Blut-und-Boden-Stil, die vier mit Auswanderern besetzte Ulmer Schachteln auf dem Weg nach Osten zeigt (67). *Deutsches Volkstum in aller Welt* prangt als weitere Parole darunter und der Bildtext erklärt: *Schwäbische Auswanderer auf der Fahrt mit Ulmer Ordinarischiffen auf der unteren Donau.*

Es handelt sich dabei um ein Schulwandbild, ein Lehrmittel also, das der Verlag „Der praktische Schulmann" produziert hatte – übrigens ebenfalls im Jahr 1938, im Jahr des „Anschlusses", – und ein Jahr, bevor das „Volk ohne Raum", vom Ostland gerufen, Polen überfiel. Im Lauf der Kriegsjahre wurde der Begleittext zu dem Bild zunehmend aggressiver. 1941 lautete er: *Früher brachen Deutsche zu friedlicher Arbeit in den Osten auf. Jetzt hat die unbedenkliche Vernichtungswut des bolschewistischen Angreifers den deutschen Soldaten nach dem Osten gerufen. Früher arbeiteten Deutsche im Osten mit dem Pflug für den Ackerbau. Diesmal kämpfen sie mit dem Schwert als Vertreter der deutschen Kultur.*[28]

67 **„Ostland ruft" steht unter diesem Schulwandbild, das vier mit Auswanderern besetzte Ulmer Schachteln zeigt. Es sollte die Schuljugend auf die Eroberungspläne der Nazis einstimmen.**

Die Nazi-Parolen führten direkt in den Zweiten Weltkrieg, der keine Schachtelfahrten mehr zuließ. Und nach seinem Ende, als die Stadt in Trümmern lag, hatten die Ulmer zunächst andere Probleme.

Die Nachkriegszeit

In den ersten Nachkriegsjahren dürften die Donaufahrten in ähnlicher Weise wieder eingesetzt haben wie die jugendbewegten Fahrten vor dem Zweiten Weltkrieg: improvisiert in ausgedienten Kieszillen. Die „Ulm 1925“ der Donaufreunde war in Regensburg zerstört worden. Somit blieb die „Stadt Ulm“, die 1938 im Auftrag der Nazis gebaut worden war, die einzige Ulmer Schachtel, die den Krieg überstanden hatte. Sie war in städtischem Besitz, und als der erste Ulmer Nachkriegs-Oberbürgermeister Robert Scholl, Vater der Geschwister Scholl, Ende 1946 zu entscheiden hatte, was mit der „Stadt Ulm“ geschehen solle, äußerte er die Hoffnung, dass die Schachtelfahrten nach Wien wieder aufgenommen würden. Sie blieb also erhalten. 1949 ließ der damalige Oberbürgermeister Theodor Pfizer sie in der „Schwörwoche“, dem Höhepunkt des Ulmer Festkalenders, auf die Donau setzen und mit Ehrengästen beladen.

68 **Das Passieren von Brückenbaustellen gehörte zu den Risiken der ersten Nachkriegsfahrten.**

Einige Wochen später legte die „Stadt Ulm“ zur ersten Reise im Stil der organisierten Vorkriegsfahrten ab. Sie führte bis Regensburg. Die 40-köpfige Reisegruppe bestand aus den früheren „Donaufreunden“ und aus Mitgliedern des Ulmer Schiffervereins, der 1938 ebenfalls auf einer großen Zille, der „Wachau“, nach Wien gefahren war. Die ersten Nachkriegsfahrten waren stark beeinträchtigt durch die Kriegsfolgen. So waren 1945 zahlreiche Brücken gesprengt worden, deren Trümmer nun im Bett der Donau lagen.

Die Behelfsbrücken mit den eng gesetzten Pfählen erwiesen sich ebenfalls als gefährliche Hindernisse (68). Auch war es nicht einfach, für eine so große Gruppe Unterkünfte zu finden, da zahllose Flüchtlinge und Vertriebene eine Bleibe benötigten.

Als diese Hemmnisse bewältigt waren, taten sich neue einer ganz anderen Art auf. Um die Kraft der Donau zu nutzen, wurden nach dem Zweiten Weltkrieg nach und nach Kraftwerke gebaut. Das erste war das Kraftwerk Böfinger Halde unterhalb Ulms, dem zahlreiche

69 **Die neue „Stadt Wien“ passierte im Juli 1953 als erste Ulmer Schachtel die Schleuse des ebenfalls neu gebauten Ulmer Donaukraftwerks Böfinger Halde.**

weitere folgten. Damit Boote die Staustufe passieren konnten, wurden sie an den Kraftwerken der Oberen Donau mit Kleinschleusen versehen. Die Maße von 25 Metern Länge und 3,5 Metern Breite gab Ulm vor: Man darf davon ausgehen, dass sie an der Ulmer Schachtel orientiert waren, die schließlich weiterhin auch zwischen Ulm und Kelheim verkehren können sollte, von wo an die Donau Bundeswasserstraße ist.

Und so fand am 15. Juli 1953 eine doppelte Premiere statt: Die Gesellschaft der Donaufreunde fuhr auf der Jungfernfahrt ihrer neuen Schachtel „Stadt Wien" zum ersten Mal durch die Schleuse des ebenfalls neuen Kraftwerks Böfinger Halde (69).

Den Namen „Stadt Wien" für ihre neue Schachtel hatten die Donaufreunde gewählt, um ihre Verbundenheit mit der österreichischen Hauptstadt auszudrücken. Das war insofern von tieferer Bedeutung, als damals, vor Abschluss des Staatsvertrages, noch keine Donaufahrten nach Wien möglich waren. Daher endeten die Fahrten, die von 1949 an jährlich stattfanden – zuerst auf der „Stadt Ulm", dann auf der „Stadt Wien" – zunächst in Regensburg oder Passau. Umso bemerkenswerter ist, dass die Österreichische Bundespost im Jahre 1954 zum „Tag der Briefmarke" eine Marke in einer Auflage von 470 000 Stück herausgebracht hat, welche eine Ulmer Schachtel vor der grandiosen Kulisse des Stiftes Melk auf dem Weg nach Wien zeigt (69). Die Darstellung, der ein Bild des Malers Ernst Schrom zugrunde liegt, sollte darauf hinweisen, dass die Donau schon immer ein internationaler Schifffahrtsweg war. Der wurde jedoch erst ein Jahr später wieder geöffnet, nachdem der Staatsvertrag von 1955 Österreich, das sich darin zur Neutralität verpflichtet hatte, wieder volle Souveränität zugestand. Und so fuhr 1956, von großem öffentlichem Interesse begleitet, zum ersten Mal wieder eine Ulmer Schachtel nach Wien, wo sie von einer großen Menschenmenge begrüßt wurde.

70 **Ulmer Schachtel vor dem Stift Melk: Mit diesem Briefmarken-Motiv wollte Österreich 1954 die Donau als internationalen Schifffahrtsweg kennzeichnen.**

Der Weg nach Wien stand wieder offen, doch gleich dahinter – es war in Zeiten des „Kalten Krieges“ – trennte der „Eiserne Vorhang“ Europa in die Einflusssphären der sich feindlich gegenüberstehenden militärischen Bündnisse NATO und Warschauer Pakt. Doch das konnte die Ulmer Schachtel nicht davon abhalten, 1961 zum ersten Mal nach Budapest zu fahren.

Immer weiter

Das Jahr 1961 brachte noch ein weiteres Sonderereignis: Zum ersten Mal seit 1938 reiste wieder eine städtische Delegation auf einer Ulmer Schachtel nach Wien, wo ihr von Zehntausenden ein überwältigender Empfang bereitet wurde. In Wien übernahm die Gesellschaft der Donaufreunde das Schiff – die neue, 1958 gebaute „Stadt Ulm“ – für das damals noch gewagte und mit großem bürokratischem Aufwand verbundene Unternehmen, in den Ostblock vorzudringen. Das Unternehmen gelang, und die Schachtelfahrer wurden nach ihrer Ankunft in Budapest auch noch zu einem offiziellen Empfang geladen (71).

71 **Ein traumhaftes Bild: die Schachtel der Ulmer Donaufreunde vor dem Parlament in Budapest.**

Zwei Jahre später sollte es weitergehen nach Belgrad. Doch das wurde durch die Havarie bei Neuoffingen verhindert – vorerst. Im Jahr darauf, 1964, baute Eugen Hailbronner den Donaufreunden eine neue Schachtel, die wieder „Stadt Wien“ getauft wurde und noch im selben Jahr nach Belgrad fuhr. *Hinter dem Eisernen Vorhang erfuhren die Ulmer von den offiziellen Stellen wohlwollende Unterstützung und von der Bevölkerung freundliche, aber zurückhaltende Begrüßung. Auf seiner ganzen Fahrt aber war das Schiff, obwohl es den Namen „Stadt Wien“ trägt, ein Sendbote der Stadt Ulm und Symbol der Verständigung über Grenzen hinweg.*[29] So berichtete anschließend die Ulmer Lokalpresse, deren Vertreter die Reise miterlebt hatten.

Die Herausforderung, eine Fahrt bis zum Schwarzen Meer zu wagen, nahmen die Donaufreunde 1976 an (72, 73). Die planerischen Vorbereitungen füllten ganze Ordner. In drei Fahrtabschnitten mit Wechsel der Passagiere in Wien und in Belgrad fuhr die „Stadt Wien" bis in die rumänische Hafenstadt Galati, wo sie wieder zerlegt und nach Ulm zurücktransportiert wurde (74).

Damit war die ganze schiffbare Donau bis annähernd an ihr Delta befahren. Noch nie aber hatte eine Ulmer Schachtel Berührung mit Neckarwasser gehabt. Das änderte sich 1984, als zum ersten Mal eine Ulmer Schachtel in Plochingen zu Wasser gelassen wurde. Das war die im Jahr zuvor neu gebaute „Ulm" der Donaufreunde. Sie fuhr bis nach Heidelberg und anschließend – auch dies eine Premiere – wieder zurück (75). Doch musste sie ihre Rückreise wegen Hochwassers in Heilbronn abbrechen.

Nachdem sie 1987 ihre zweite Schwarzmeerfahrt beendet hatte, wurde die „Ulm" in Galati auf einen Sattelzug verladen und zu einem nicht minder exotischen Zielort gefahren: Berlin. Die Stadt feierte ihr 750-jähriges Bestehen, und die Schachtel nahm aus diesem Anlass an einem Schiffskorso durch die Berliner Wasserstraßen teil (76).

72 **Wenn die Donaufreunde ans Schwarze Meer fahren, geschieht das in drei Etappen: Ulm-Wien, Wien-Belgrad und Belgrad-Donaudelta.**

73 **Durch die grandiose Kulisse des Eisernen Tors führte die erste Schwarzmeerfahrt 1976 bis Galati.**

74 **Am Ende der ersten Schwarzmeerfahrt wurde die „Stadt Wien" in Galati zum Rücktransport auseinandergenommen.**

75 **Im Orwell-Jahr 1984 befuhr zum ersten Mal eine Ulmer Schachtel den Neckar.**

76 **Als die Stadt Berlin 1987 ihr 750-jähriges Bestehen feierte, bereicherte die „Ulm" den zu diesem Anlass veranstalteten Wasserkorso.**

Die heutigen Ulmer Schachteln lassen sich in zwei Kategorien einteilen: die städtischen Schachteln und die Reiseschachteln. Von den Reiseschachteln gibt es zwei Varianten. Die große entspricht in ihrer Länge von rund 20 Metern den städtischen Schachteln und den klassischen „Wiener Zillen"; die vier „Schächtele" hingegen sind etwa um ein Drittel kürzer.

Die Ulmer Schachteln heute

Die städtischen Schachteln „Stadt Ulm" und „Stadt Linz" fahren nicht weiter als von ihrem Liegeplatz kurz vor dem Kraftwerk Böfinger Halde bis zum Fischerplätzle, und auch das nur wenige Male im Jahr (77). Die erste, 1938 gebaute „Stadt Ulm" hat 20 Jahre lang gehalten und wurde 1958 durch eine neue „Stadt Ulm" ersetzt. Wie schon ihre Vorgängerin wurde sie von Eugen und Willi Hailbronner angefertigt (78). Als auch die in die Jahre gekommen war, gab die Stadt 1973 eine neue in Auftrag, die „Stadt Linz", deren Name die Verbundenheit mit jener österreichischen Donaustadt ausdrücken sollte. Die „Stadt Ulm" wurde aber dennoch nicht in den Ruhestand verabschiedet. Sie fährt noch heute – wenn auch mehrfach runderneuert.

Mit der „Stadt Linz" begann ein neues Kapitel in der Geschichte der Ulmer Schachteln: Es war die erste, die nicht mehr in Ulm gebaut worden ist. Denn Eugen Hailbronner, der letzte Ulmer Zillenbauer, hatte seinen Betrieb aufgegeben. Die Stadt Neu-Ulm nämlich ließ am Donauufer an der Stelle der alten Schopperplätze ein Kultur- und Kongresszentrum errichten, das Edwin-Scharff-Haus. Hailbronner erhielt das Angebot, seinen Betrieb auf einen Platz vor dem Kraftwerk „Böfinger Halde" zu verlegen. Doch der damals 63-Jährige lehnte dies aus Altersgründen ab. Das bedeutete das Ende des gewerblichen Ulmer Zillenbaus und seiner 400-jährigen Tradition. Die „Stadt Linz" wurde im österreichischen Innzell von Schiffbaumeister Pumberger gebaut (81).

Auch die ersten beiden Nachkriegs-Schachteln der Donaufreunde, die beide „Stadt Wien" hießen, waren von Eugen Hailbronner gebaut worden. Als die dritte fällig war, hatte sich Hailbronner zur Ruhe gesetzt. Der Auftrag ging ins österreichische Unterbuchenberg an den Schiffbauer Johann Gebetsroither. Im Juni 1982 lief das Schiff im Attersee vom Stapel. Diesmal nannten die Donaufreunde ihre neue Schachtel „Ulm", weil der Name „Stadt Wien" immer wieder zum Missverständnis Anlass gegeben hatte, es handle sich um eine „Wiener Schachtel". Die „Ulm" tat ein Vierteljahrhundert Dienst. Ihre letzte Reise endete am 6. Juli 2007 in Belgrad. Ihre Nachfolgerin wurde ein Jahr später getauft. Sie heißt ebenfalls „Ulm" – aber sie ist aus Stahl, gefertigt auf der Bodan-Werft in Kressbronn am Bodensee.

77 **Die stadteigene Ulmer Schachtelflotte besteht aus der „Stadt Ulm" und der „Stadt Linz".**

78 **Die „Stadt Ulm" wurde 1958 von Eugen Hailbronner (links) zusammen mit seinem Vetter Willi in seiner Werkstatt auf den Schopperplätzen am Neu-Ulmer Ufer gebaut.**

Die vier kleineren Schachteln, die „Ulma", der „Donauspatz", die „Elchingen" und die „Schwaben", gehören vier gleichnamigen Eigentümer-Gemeinschaften. Die älteste dieser Gemeinschaften, die „Ulma", ist 1960 von Mitgliedern der Tübinger Studentenverbindung „Ulmia" gegründet worden, die damals zum ersten Mal auf einer ausrangierten Nabaden-Zille die Fahrt nach Wien antraten (79). Zwölf Jahre und ein paar weitere Kieszillen später ließen sie sich von Eugen Hailbronner eine richtige, wenn auch etwas kleinere Schachtel bauen. Das war die letzte, die von einem Ulmer Zillenbauer gefertigt wurde (80). Als diese „Ulma" schließlich baufällig wurde, haben ihre Besitzer sie an ihre Söhne vererbt, die das Schiff in „Schwaben" umtauften und damit bis 2007 fuhren. Ein Jahr später wurde dann ihre Nachfolgerin getauft. Wie die aktuelle „Ulma" und die „Elchingen" ist auch die neue „Schwaben" von Rudi Königsdorfer im österreichischen Niederranna gebaut worden (83).

79 **Studenten der Verbindung „Ulmia" fuhren 1960 zum ersten Mal mit einer „Ulma" nach Wien.**

80 **Die letzte, wenn auch etwas kleinere Wiener Zille, die Eugen Hailbronner gebaut hat, war die „Ulma", die später zur „Schwaben" wurde.**

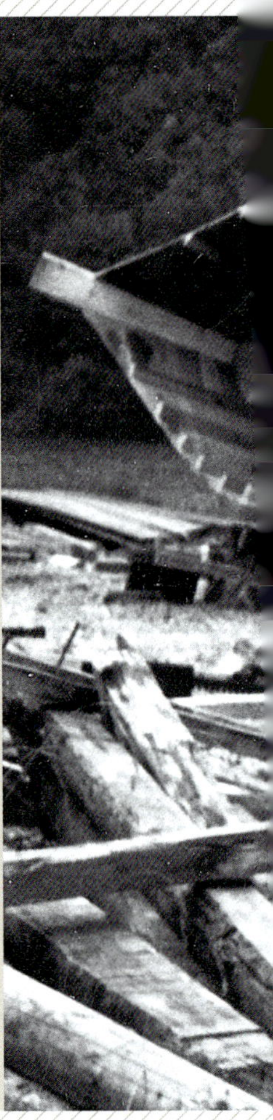

81 **Die „Stadt Linz" ist die erste Ulmer Schachtel, die nicht mehr in Ulm gebaut wurde. Schiffbaumeister Pumberger hat sie 1972 im österreichischen Innzell gezimmert.**

Die Eigentümergemeinschaft „Elchingen“ ist ein Ableger der „Ulma“, deren Mitglieder, wie der Schiffsname sagt, in Elchingen wohnen (82). Auch der „Donauspatz“ kann zu den Epigonen der „Ulma“ gezählt werden – mit dem Unterschied, dass dieses Schiff 1986 von seinen Eigentümern gebaut worden ist, in einem Sägewerk im Ulmer Ortsteil Unterweiler. Ein weiterer Unterschied ist, dass der Aufbau nicht schachtel-, sondern hüttenförmig ist (84).

82 **Die Jungfernfahrt der „Elchingen“ führte 1996 nach Wien.**

83 **Die neue „Schwaben“ wurde 2008 von Rudi Königsdorfer im österreichischen Niederranna gebaut.**

84 **Die einzige von ihren Eigentümern selber gebaute Ulmer Schachtel ist der „Donauspatz".**

Jahrzehntelang zogen die fünf Ulmer Reiseschachteln jede für sich die Donau hinunter. Der latente Wunsch manches Schachtelfahrers, einmal eine gemeinsame Fahrt aller Schachteln zu unternehmen, wurde schließlich Wirklichkeit in der „Korsofahrt“ 2002. Damals haben sich zum ersten Mal alle Schachtel-Eigentümergemeinschaften zu einer gemeinsamen Wien-Fahrt zusammengefunden (85). Das Unterfangen wurde erschwert durch die zahlreichen Kleinschleusen zwischen Ulm und Kelheim, die einen Schiffskorso erst von der Weltenburger Enge an zulassen. Doch von dort an bot die Flottille der fünf Schachteln mit dem charakteristischen Schwung ihrer Büge ein beeindruckendes Bild.

85 **Sämtliche fünf reisetauglichen Ulmer Schachteln fanden erstmals im Juni 2002 zu einer gemeinsamen Fahrt nach Wien zusammen.**

Die Ulmer Armada

Die Folge davon war, dass die Ulmer Armada als ideales Medium erschien, im Jahr darauf die Wirtschaftsregion Ulm in Berlin zu repräsentieren, als diese im September 2003 zu einem „Querdenker-Tag“ in die baden-württembergische Landesvertretung lud. *Die Protagonisten* (Stadt Ulm und Industrie- und Handelskammer Ulm) *waren sich schnell einig darin, dass es wohl kaum einen überzeugenderen Ausdruck von Querdenkertum gibt als den, mit Ulmer Schachteln nach Berlin zu reisen,* schrieb später ein Fahrtteilnehmer in der „Schachtelpost“, dem Zentralorgan der Donaufreunde.[30] Die fünf Ulmer Schachteln wurden in Bad Schandau auf die Elbe gesetzt. Die Fahrt durchs Elbsandsteingebirge, vorbei an Dresden und Magdeburg und durch den Elbe-Havel-Kanal in die Havel und schließlich in die Spree und in den Landwehrkanal gehöre zu den schönsten, die sie je gemacht haben, versicherten später auch altgediente Schachtelfahrer (86, 87).

86 **Die Ulmer Armada ist im September 2003 nach Berlin ins Zentrum der Macht vorgestoßen, wo die merkwürdigen Wasserfahrzeuge das schwäbische Querdenkertum überzeugend symbolisierten.**

Ulma
Schwaben

87 **Das Paul-Löbe-Haus des Deutschen Bundestags, ein Werk des Architekten Stephan Braunfels, und die Kuppel des Reichstagsgebäudes bilden eine eindrucksvolle Kulisse für die Ulmer Schachtel.**

In die andere Himmelsrichtung, nach Westen, zogen im September 2007 die Schachteln „Ulma" und „Donauspatz" zu einer weiteren Premiere, der Teilnahme an einem Festival der Flussschifffahrt, welches die französische Stadt Orléans alljährlich auf der Loire feiert. In jenem Jahr war die Donau das Thema des Festes, und die „Ulm" und der „Donauspatz" vertraten dort die ulmische Donauschifffahrt vor großem Publikum.

Es gibt somit im Grunde keinen schiffbaren Fluss, den eine Ulmer Schachtel nicht erreichen könnte, und sei es mit Hilfe des Tiefladers. Doch die Ulmer Schachtel ist und bleibt ein Donauschiff – weniger von ihrer im Lauf der Jahrhunderte ohnehin ständig wechselnden Bauart, sondern von der Idee her, die ihre Betreiber treibt. Dass diese Idee nicht stets dieselbe war, hat die Geschichte der Schachtelfahrten im 20. Jahrhundert gezeigt, als auch Nationalismus und aggressiver Expansionismus Motoren mancher Reise waren.

Das hat sich glücklicherweise geändert. Und um dieses Buch, das mit dem „Symbol Ulmer Schachtel" begonnen hat, mit einem korrespondierenden Symbol enden zu lassen: Es kann kaum einen schöneren Empfang für die Ulmer Schachtelfahrer geben als den mit Brot und Salz. Und das nicht nur, weil es meist die Ortsschönheiten sind, die diese Gabe darreichen, sondern weil am unteren Teil der Donau Brot und Salz die Zeichen der Freundschaft sind, die man dem Gast entgegenbringt (88).

88 **Nichts kann die freundschaftliche Verbundenheit entlang der Donau besser zum Ausdruck bringen als Brot und Salz, das den Schachtelfahrern 2005 bei ihrer Ankunft im bulgarischen Vidin dargereicht wurde.**

Was könnte schöner und entspannender sein als auf dem Oberdeck einer Ulmer Schachtel sitzend die Donau hinab zu gleiten? Das beginnt schon wenige Flusskilometer hinter Ulm. Hinter der dichten grünen Uferbepflanzung entrückt die gewohnte Welt, der Alltag verschwindet. Es bleiben der Fluss, die Natur, die Mitreisenden auf diesem kuriosen Wassergefährt. Zu der äußeren kommt die innere Ruhe.

Nachwort

Vielleicht ist es die historische, schiffstechnisch geradezu archaisch anmutende Bauweise, die uns Fluss und Landschaft so unmittelbar nah und authentisch erleben lassen. Es ist ein kollektives Erlebnis, denn die Schachtel motiviert die Reisenden auf angenehme Art und Weise zum Zusammenrücken und zu gegenseitigem Respekt. Das fällt in der Regel leicht, denn Schachtelfahrer sind freundliche und gesellige Menschen.

Ich hatte einige Male die Gelegenheit und Freude, mit der Schachtel „Ulm" die Donau hinab zu fahren. Unvergesslich die Strecke unter den erleuchteten Brücken des abendlichen Budapests oder die Fahrt durch die grandiose Schroffheit des „Eisernen Tores". Und jedes Mal überkam mich eine wundersam sanfte Ruhe und Gelassenheit, die ich gerne in den Alltag mit zurückgenommen hätte.

Die Ulmer Schachtel gehört zur Donau wie die Schönheiten ihrer Natur, Städte und Kulturdenkmäler. Sie ist selbst ein schwimmendes Kulturdenkmal. Davon ist in diesem Buch ausführlich die Rede, insbesondere aus der Feder des profunden Schachtelhistorikers Henning Petershagen. Ich freue mich, dass damit in Wort und Bild die Geschichte und Bedeutung der Ulmer Schachteln erneut gewürdigt und weiter verbreitet wird.

Schon vor dem Fall des Eisernen Vorhangs standen die Fahrten der „Gesellschaft der Donaufreunde" unter dem Motto: „Wir fahren die Donau hinab und suchen nach Freunden sie ab". Für diesen Pioniergeist gebührt ihnen und den anderen Schachtelgemeinschaften große Anerkennung. Was damals noch utopisch klang, wird heute Zug um Zug realer, nämlich die Freundschaft und Zusammenarbeit entlang des Flusses. Die Schachtel ist ein sympathisches Symbol der Donaupartnerschaft, die sich in den letzten Jahren – von Ulm ausgehend – zu einem engen europäischen Netzwerk der Städte und Regionen bis hin zum Donau-Delta entwickelt hat.

Die Schachtelfahrten machen erfahrbar, was der ungarische Lyriker Attila József im schönsten Gedicht über den großen Strom so beschrieben hat: „Geschichte, Gegenwart und Zukunft, das alles fasst die Donau, ihre weichen Wellen." Diese poetische Sentenz erinnert übrigens an ein historisches Ereignis, das bald 300 Jahre zurückliegt: 1712 begann in Ulm der erste große Donauschwabenzug. Tausende fuhren von purer Not getrieben auf Schachteln die Donau hinab, auf der Suche nach einer fremden neuen Heimat in Ungarn, in der Batschka oder im Banat. Diesem Ereignis wird man in Ulm 2012 angemessen gedenken. Und die Ulmer Schachteln und ihre Geschichte werden dabei eine bedeutende Rolle spielen.

So bleibt mir schließlich zu wünschen, dass in den nächsten Jahren noch viele Menschen auf einer Ulmer Schachtel die Donau hinab fahren und dabei die Schönheit und Würde dieses großen europäischen Flusses entdecken werden.

Peter Langer
Direktor donau.büro.ulm
Ulm, im Mai 2009

Ulm

Seit dem ersten Erscheinen dieses Bändchens sind knapp anderthalb Jahrzehnte vergangen. In dieser Zeit hat sich die Geschichte der Ulmer Schachteln zwar nicht wesentlich verändert, aber es sind einige neue Entwicklungen und Erkenntnisse hinzugekommen. Die sind im Folgenden erläutert. Die Seitenzahlen verweisen auf die zu ergänzenden Inhalte.

Update zur Neuauflage

Seite 8

Einen qualitativen Sprung in puncto Erinnerungskultur haben die Ungarndeutschen in der Stadt Baja geleistet. Sie haben den bereits bestehenden Schachtel-Denkmälern ein gewaltiges neues hinzugefügt: ein begehbares Denkmal, das mit 21 Metern Länge und 5 Metern Breite als Ausstellungs- und Schulungsraum dient. In der Hütte auf dem Deck können Schulklassen, Besucher und Besuchergruppen Ausstellungen besichtigen oder an Projekten teilnehmen. Das Schiff steht vor dem Hauptgebäude des Ungarndeutschen Bildungszentrums. Die Pläne dafür lieferten die Ulmer Donaufreunde.

Am 18. Oktober 2019 wurde dieses Landesdenkmal der Ungarndeutschen auf den Namen „Hoffnung“ getauft und seiner Bestimmung übergeben. Für das 77.000-Euro-Projekt haben an die 400 Privatpersonen aus aller Welt sowie über 60 Selbstverwaltungen, Vereine und Gemeinden an die 64.000 Euro gespendet, darunter die Stadt Ulm 1.570 Euro (89).

Seite 12

Der kistenförmige Aufbau der Ulmer Schachtel, deren Dach eine begehbares Oberdeck bildet, ist nur hinsichtlich der „Reiseschachteln“ eine Erfindung des Berliner Wirtschaftsgeographen Dr. Eduard Hahn. Der hatte 1907 den Ulmer Schiffbauer Georg Käßbohrer (1836–1919) gebeten, eine ausgediente Steinzille mit jenem Aufbau zu versehen.

Tatsächlich waren die Ulmer Schopper schon früher auf dieselbe Idee verfallen, die sie allerdings nicht auf ihre Transportzillen anwandten, weil das keinen Sinn gemacht hätte. Mit Dachterrassen statteten sie jedoch ihre zehn Ulmer Wohnungsschiffe aus, die sie für die Weltausstellung in Wien 1873 konstruiert hatten (90). Die sollten deren Besuchern eine bezahlbare Unterkunft bieten. Der Ulmer

89 **Das bislang größte aller ungarndeutscher Schachtel-Denkmäler steht seit 2019 in Baja.**

Schifferverein baute daher zehn solcher Schiffe von etwa 30 m Länge und 5 m Breite mit acht Doppel und 9 Einzelkabinen, eines davon mit Obergeschoss und alle mit einer begehbaren Dachterrasse. Das bis in die USA beachtete Projekt scheiterte jedoch daran, dass die Weltausstellung durch Missorganisation zum Desaster geriet, so dass die dort ankernden Ulmer Wohnungsschiffe nur unzureichend genutzt wurden. Der damit verbundene finanzielle Verlust für die Anteilseigner führte jedoch dazu, dass dieses Projekt sehr schnell und gründlichst vergessen wurde.[31]

Seite 13
Die Tragfähigkeit von 200 t ist erstmals 1886 verbürgt in den Jahrbüchern der Handels- und Gewerbekammer Württemberg. Diesen Berichten zufolge steigerte sich die Transportkapazität der Ulmer Schiffe 1895 auf 360 t und 1896 auf unglaubliche 440 t. Fachleute haben dran allerdings ihre technisch begründeten Zweifel, auch wenn klar ist, dass die volle Ladung erst weit unterhalb von Ulm an Bord kam, wo die Donau tiefer ist.[32]

Seite 17
Dass die Ulmer Donauschiffe nach Erreichen ihres Zieles an den „Plättenschinder“ verkauft wurden, der sie zu Brenn- oder sonstigem Nutzholz verarbeitete, ist nur ein Teil der Wahrheit. Da die Schiffe noch fahrtauglich waren, wurden sie auch an ungarische Schiffleute verkauft, die sie weiternutzten, bis sie auseinanderfielen. Das konnte sechs Jahre oder länger dauern.[33]

Die ulmer Wohnungsschiffe für Besucher der wiener Weltausstellung. Nach einer Zeichnung von G. Heyberger.

90 **Die Oberdecks der Wohnungsschiffe, welche der Ulmer Schifferverein für die Wiener Weltausstellung 1873 gebaut hatte, dienten als Dachterrassen, wie die Abbildungen oben Mitte und rechts betonen.**

Seite 36
Zu den Fahrgastzahlen, die auf S. 36 mit an sich schon kaum glaublichen 100 bis 150 Personen angegeben sind, hat Marie-Kristin Hauke weitergehende Angaben gefunden wie etwa einen Bericht des Günzburger Rentmeisters Satori. Der meldete am 13. April 1769 nach Wien, dass tags zuvor ein mit 300 Menschen beladenes Ulmer Schiff Günzburg in Richtung Ungarn passiert habe.[34]

Seite 62
Die immer wiederkehrende, aber nie bewiesene Behauptung, die Ulmer Schachteln seien bis zum Schwarzen Meer gefahren, ist seit 2011 Tatsache. Damals drang die Gesellschaft der Donaufreunde erstmals bis zum „Punkt Null“ vor, der Mündung der Donau ins Schwarze Meer (91). Zwar wurden auch schon die Fahrten 1976 in die rumänische Hafenstadt Galati und spätere bis Tulcea im Donau-Delta als „Schwarzmeerfahrten“ bezeichnet, aber tatsächlich waren es nur „Fast-Schwarzmeer-Fahrten“.[35]

Seite 68
Die Ulmer Schachtel-Flotte hat sich mittlerweile regeneriert. Am 17. Mai 2015 wurde die neue Elchingen getauft, gebaut von Rudi Königsdorfer in Niederranna aus Holzverbundplatten. Sie ersetzte die alte Elchingen I, die nach 20 Jahren ausgedient hatte. Mit 14,85 m und 2,98 m Breite übertrifft die Elchingen II die alte (12,5 × 2,5 m).

Im April 2022 ist die neue „Ulma“ vom Stapel gelaufen. Sie hat dieselben Maße wie die neue Elchingen. Hergestellt wurde sie in Tübingen vom Stocherkahnbauer Rudolf Raidt. Der „Donauspatz“ erhielt 2022 einen neuen Rumpf.

Die letzte Wiener Zille, die der letzte Ulmer Schiffbauer Eugen Hailbronner 1972 für die Eigentümergemeinschaft „Ulma“ gebaut hat und die 1996 von dieser an die jüngere Generation weitervererbt wurde – von da an hieß sie „Schwaben“ – fuhr bis 2007. Ende Juni 2010 bezog sie ihren endgültigen Ankerplatz als Schachtel-Denkmal vor dem Donauschwäbischen Zentralmuseum (92).

91 **Den Punkt Null, wo die Donau ins Schwarze Meer mündet, erreichten die Ulmer Donaufreunde im Jahr 2011.**

Seite 70
Der Anlass, aus dem im September 2003 alle reisefähigen Ulmer Schachteln Berlin ansteuerten, war der von der baden-württembergischen Landesvertretung ausgerufene „Querdenker-Tag“. Mittlerweile ist der damals positiv besetzte Begriff „Querdenker“ durch Verquer-Denker*innen nachhaltig in Misskredit geraten. Daher ahnen jüngere Menschen wohl schon gar nicht mehr, dass er ursprünglich nicht für querulatorisches, sondern unkonventionelles und kreatives Denken stand.

92 **Die letzte Zille, die der Ulmer Schiffbauer Eugen Hailbronner 1972 gebaut hat, ankert jetzt vor dem Donauschwäbischen Zentralmuseum.**

Verwendete und weiterführende Literatur

Michael Dieterich: Beschreibung der Stadt Ulm. Ulm 1825.

Max Eyth 1836–1906 – Mein Leben in Skizzen. Hrsg. Ulmer Museum. Ulm 1986.

Otto Fischer: Die erste Ordinarifahrt der Ulmer im Großdeutschen Reich 1938. Ulm 1939.

Sebastian Fischer: Chronik, besonders von Ulmischen Sachen. Hrsg. von Karl Gustav Veesenmeyer. In: UO 5–8/1896.

Johann Herkules Haid: Ulm mit seinem Gebiete. Ulm 1984 (Nachdruck der Ausgabe von 1786).

Liese Hailbronner: Ein Leben mit der Donau. Langenau o.J. (1989).

Marie-Kristin Hauke: Aufbruch von Ulm entlang der Donau. Ulm und die Auswanderung im 18. Jahrhundert (Kleine Reihe des Stadtarchivs Ulm 10), Ulm 2012.

Ernst Neweklowsky: Die Schiffahrt und Flößerei im Raume der oberen Donau. 3 Bände. Linz 1952, 1954, 1964.

Friedrich Nicolai: Unter Bayern und Schwaben. Meine Reise im deuschen Süden 1781. Stuttgart-Wien 1989.

Wolf-Henning Petershagen: Zünftige Lustbarkeiten. Das Ulmer Fischerstechen, der Bindertanz. Ulm 1994.

Wolf-Henning Petershagen, Ulrich Burst: Die Ulmer Schachtel. Ein schwimmendes Kuriosum. Ulm 2001.

Wolf-Henning Petershagen: Die Ulmer und die Ulmer Schachteln. Ein Kalender der Ulmer City e.V. für das Jahr 2003. Ulm 2002.

Wolf-Henning Petershagen: Die Ulmer Donauschiffe und das Geschäft mit der Auswanderung. In: „Die Schiff' stehen schon bereit." Ulm und die Auswanderung im 18. Jahrhundert (Forschungen zur Geschichte der Stadt Ulm. Reihe Dokumentation 13). Hrsg. von Márta Fata. Ulm 2009.

Wolf-Henning Petershagen: Die Ulmer Donauschifffahrt im 19. Jahrhundert (Forschungen zur Geschichte der Stadt Ulm, Reihe Dokumentation, Bd.17), Ulm 2021.

Jenny Sarrazin, André van Holk: Schopper und Zillen. Eine Einführung in den traditionellen Holzschiffbau im Gebiet der deutschen Donau (Schriften des Deutschen Schiffahrtsmuseums, Bd. 38). Bremerhaven 1996.

Jenny Sarrazin, Wolf-Henning Petershagen: Schopper, Schiffer, Donaufischer. Ulmer Schiffleute und ihr Handwerk. Ulm 1997.

Kurt Schaefer: Architectura Navalis Danubiana. Wien 1988.

Kurt Schaefer: Historische Schiffe in Wien. Wien 2002.

Magister Johann Christoph Schmidlin: Beschreibung einer Reise von Tübingen nach Wien im Jahr 1769. In: UO 31/1941, S. 115–125.

David August Schultes: Chronik von Ulm. Ulm 1915.

Ulm und Oberschwaben. Zeitschrift für Geschichte und Kunst. Hrsg. vom Verein für Kunst und Altertum in Ulm und Oberschwaben.

Otto Wiegandt: Ulm als Stadt der Auswanderer. In: UO 31/1941, S. 88–114.

Ungedruckte Quellen

StA Ulm, A3/1
StA Ulm, A 3530 Ratsprotokolle
StA Ulm, Chroniken G1 1689; G1 1705/1; G1 1717/1; G1 1750/3; G1 1800/2.

Verzeichnis der Abkürzungen

SDZ	Schwäbische Donau-Zeitung
StA Ulm	Stadtarchiv Ulm
SWP	Südwest Presse
SZ	Schwäbische Zeitung
UO	Ulm und Oberschwaben (vgl. Literaturverzeichnis)
USt	Ulmer Sturm
UTb	Ulmer Tagblatt

Anmerkungen

1 J. M. (= Jakob Molfenter?) in: Ulmer Schnellpost Nr. 159, 11.07.1882, S. 635.
2 StA Ulm, A 3530, Rp. Bd. 31 (1579), fol. 564v-565r.
3 StA Ulm, G1 1750/3, S. 197 (Jahr 1571).
4 StA Ulm, G1 1705/1, fol. 116r/v; G1 1717/1, fol. 65.
5 Haid, S. 255.
6 Ibid.
7 Nicolai, S. 138 f.
8 Dieterich, S. 157.
9 J. K. („letztgeprüfter Meister der Ulmer Schifferzunft"): Blüte und Ende der Ulmer Donauschiffahrt. In: UTb Nr. 34, 11.02.1908.
10 Eyth, S. 173.
11 Sebastian Fischer, S. 246, Bl. 449.
12 StA Ulm, G1 1689, S. 94.
13 StA Ulm, A 3530, Rp. Bd. 45 (1595), fol. 78r/v.
14 StA Ulm, A 3530, Rp. Bd. 73 (1623), fol. 37v-38r.
15 Wiegandt, S. 93.
16 Ibid., S. 110.
17 Schmidlin, S. 115 f.
18 StA Ulm, A 3/1, Bericht über die Reise des Kaisers Franz I. und der Kaiserin Maria Theresia von Ulm nach Wien zu Schiff vom 19. bis 27. Oktober 1745.
19 Schmidlin, S. 122.
20 StA Ulm, G1 1800/2, Bd. 2, S. 232.
21 Petershagen, 2009.
22 Schultes S. 187.
23 UTb, 28.06.1907.
24 Ida Hahn: Über eine Fahrt mit der Ulmer Schachtel. In: Zweites Blatt zur Neuen Augsburger Zeitung. 19.09.1909.
25 UTb, 30.07.1924.
26 UTb, 2.08.1924.
27 USt 4.06.1938.
28 Zitiert nach Hanskarl v. Neubeck: Ulmer Schachteln im braunen Fahrwasser. In: SWP 15.06.1983.
29 SDZ, 3.07.1964.
30 Schachtelpost 2003/2004, 20. Ausgabe, S. 3.
31 Petershagen, Donauschifffahrt, S. 145-179.
32 Petershagen, Donauschifffahrt, S. 81f.
33 Petershagen, Donauschifffahrt, S. 120f.
34 Hauke, Aufbruch, S. 54.
35 Petershagen, Donauschifffahrt, S. 119-121.

Bildrechte

Wolfgang Adler: 86, 87
Kulturabteilung des Ungarndeutschen Bildungszentrums Baja: 89
W. Brandau: 04
Ulrich Burst: 15, 23, 83, 91
Lore Dürr: 64
Gesellschaft der Donaufreunde: 22, 43, 71, 73, 74
Dietmar Gürtler, sonority-music@web.de: 01
Theo John: 47
Heinz Kässbohrer: 46
Dr. Fritz Ludwig: 53, 55, 56
Wilhelm Ludwig: 58
Dr. Dieter Meyer-Keller: 68
Frieder Mutschler: 65
Wolf-Henning Petershagen: 06, 07, 11, 59, 88, Seite 75
Luise Rau: 63
Martin Rill: 08
Hildegard Sander: 42
Rolf Schmid: 09
Stadtarchiv Passau: 25
Stadtarchiv Ulm (Wollinsky, Schwarz, Pulgarin): 10, 12, 13, 14, 16, 17, 18, 19, 20, 21, 24, 26, 28, 29, 30, 31, 33, 35, 41, 44, 45, 48, 49, 50, 52, 54, 66, 67, 69, 70, 81, 90 StadtA Ulm, F 5 Chr. Zb. 1873.0.0 Nr. 2; 92
Südwest Presse, Archiv: 05, 75, 76, 77, 78, 79, 80
Südwest Presse, Susanne Schwarzkopf: 84
Südwest Presse, Petra Walheim: 82
Südwest Presse, Volkmar Könneke: 02, 85
Turnerbund Ulm, Jahrbuch 1912: 57
Ulmer Bilder-Chronik und Karl-Höhn Verlag Ulm/Biberach: 51
Museum Ulm: 32
Museum Ulm; Repro: StA 03, 27, 32, 36, 37, 38, 39, 40, 60, 61, 62
Gerhard Walter: 34

Impressum

Herausgeber: Prof. Dr. Michael Wettengel,
Haus der Stadtgeschichte – Stadtarchiv Ulm
Beiheft 01 der Kleinen Reihe des Stadtarchivs Ulm.
In Zusammenarbeit mit der Europäischen
Donau-Akademie EDA, Ulm

3. aktualisierte Auflage 2024

Gestaltung: Sabine Lutz Grafikdesign, Ulm
info@sabinelutz-grafik.de
Druck und Bindung: Druckmanagement Digitaldruck Leibi.de

Bibliografische Information Der Deutschen Bibliothek.
Die Deutsche Bibliothek verzeichnet diese Publikation
in der Deutschen Nationalbibliografie; detaillierte
bibliografische Daten sind im Internet über
http://dnb.ddb.de abrufbar.

Printed in Germany

ISBN 978-3-86281-188-5